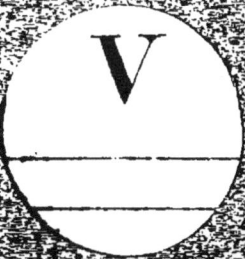

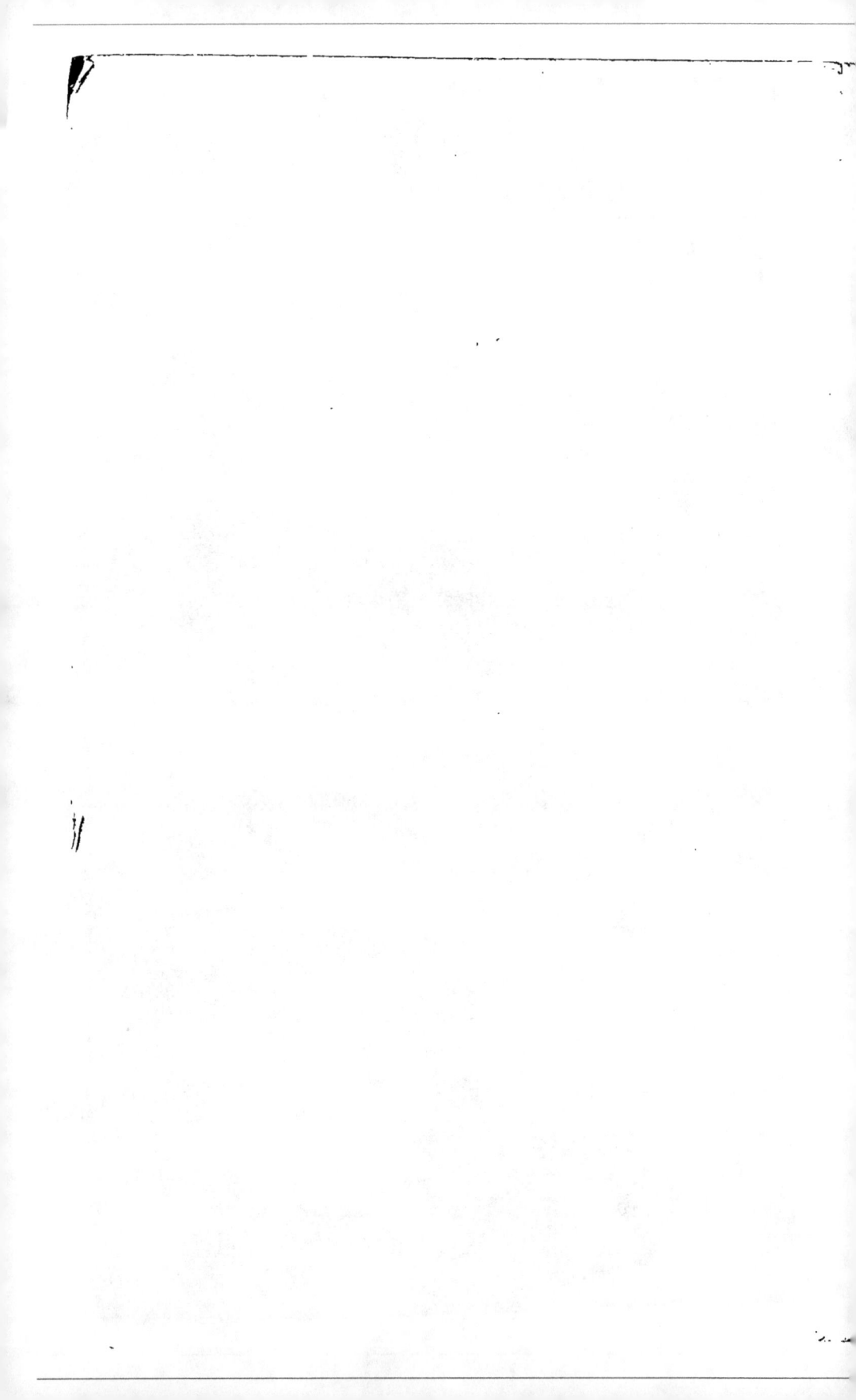

ARITHMÉTIQUE

THÉORIQUE ET PRATIQUE,

D'après le programme donné

AUX ÉCOLES DE LYON

PAR LA SOCIÉTÉ D'INSTRUCTION PRIMAIRE DU RHONE ;

Par un ancien Instituteur.

COURS DE TROISIÈME ANNÉE.

ÉDITION DU MAITRE.

PARIS,

DEZOBRY ET MAGDELEINE, LIBRAIRES,

Rue du Cloître Saint-Benoît (quartier de la Sorbonne).

1854.

PROPRIÉTÉ.

AVANT-PROPOS.

Nous arrivons à la troisième et dernière partie du *Manuel d'Arithmétique*, *d'après le programme donné aux écoles laïques de Lyon.* L'accueil fait aux deux autres nous a encouragé ; un plan bien tracé, d'ailleurs, est facile à suivre.

La forme donnée à ce petit ouvrage semblerait peut-être supposer la méthode, d'enseigner suivie dans les écoles de Lyon. Mais cette même méthode, heureuse combinaison de l'enseignement mutuel et de l'enseignement simultané, le rend, par là, propre à toutes les écoles. Aussi avons-nous déjà la satisfaction de voir, dans un certain nombre d'entre elles, ce *Manuel* adopté comme le précis des notions les plus essentielles de l'arithmétique, comme un moyen de les acquérir, facile par sa clarté, par son appropriation à la jeune intelligence des enfants. Nous nous estimons heureux d'avoir été utile en interprétant un *programme* tout fait.

Plusieurs erreurs de chiffres s'étaient glissées dans la première et la deuxième partie de notre *Manuel*, et demandaient un ERRATA. Mais ces deux parties étant comme épuisées, nous en avons sous presse une nouvelle édition dans laquelle les corrections se trouveront faites. Les trois parties, alors, pourront se prendre séparément, ou réunies en un seul volume.

Extrait du programme donné aux Écoles communales de Lyon par la Société d'instruction primaire du Rhône.

— ◦◦◦◦ —

ARITHMÉTIQUE.

Trois leçons d'une heure chacune par semaine.

PREMIÈRE CLASSE.

Novembre. — Exercices et problèmes sur les quatre règles et le système métrique.

Décembre. — Les fractions ordinaires : expression d'une fraction; énonciation d'une fraction; écrire une fraction énoncée. — La fraction change-t-elle de valeur, si on augmente ou si l'on diminue les deux termes d'une même quantité? — Que devient une fraction : 1° quand le numérateur est égal au dénominateur; 2° quand le numérateur est plus grand que le dénominateur? — Mettre une fraction décimale sous la forme d'une fraction ordinaire. — Sous quel point de vue peut-on considérer une fraction, et comment extraire les entiers d'une expression fractionnaire? — Que devient une fraction : 1° si on multiplie les deux termes par un même nombre; 2° si on multiplie le numérateur seul; 3° si on multiplie le dénominateur seul; 4° si on divise les deux termes par un même nombre; 5° si on divise le numérateur seul; 6° si on divise le dénominateur seul?

Janvier. — Évaluation des fractions. — Réduction des fractions à leur plus simple expression. — Trouver le plus grand commun diviseur. — Fraction irréductible. — Réduction des fractions au même dénominateur. — Exercices sur les fractions ordinaires.

Février. — Addition, soustraction, multiplication, division des fractions.

Mars. — Calcul des nombres fractionnaires. — Comparaison du calcul des nombres décimaux et des nombres fractionnaires. — Répétition de tout ce qui précède.

Avril. — Rapports et proportions.

Mai. — Règle de trois. — Simple et composée. — Directe ou inverse. — Solution par la méthode de l'unité.

Juin. — Règles d'intérêt. — Intérêt simple. — Intérêt composé. — Règle d'escompte. — Exercices sur les proportions, les règles de trois, d'intérêt et d'escompte.

Juillet. — Règles de société. — Règles de société composées. — Exercice sur tout ce qui précède.

Août. — Répétition de toute l'année.

Note de l'éditeur. — Ce traité est rédigé de manière qu'on est toujours au courant du programme en faisant un exercice chaque jour de leçon, à commencer du mois de novembre.

Imp. de Girard et Josserand, Lyon.

ARITHMÉTIQUE

THÉORIQUE ET PRATIQUE,

D'APRÈS LE PROGRAMME DONNÉ

AUX ÉCOLES DE LYON

Par la Société d'instruction primaire du Rhône.

———◦———

Suite des problèmes combinés sur l'addition, la soustraction, la multiplication (1).

———

1er EXERCICE.

P. 1er. Un forgeron qui a deux compagnons donne par jour au premier 4 fr. 50 c., au second 3 fr. 25 c.; combien leur donne-t-il ensemble par mois, et combien donne-t-il de plus au premier qu'au second? R. 232 fr. 50 c., et 37 fr. 50 c. de diff.

P. 2e. Une feuille d'impression a 24 lignes de 38 lettres chacune, plus un titre de 19 lettres; on

———

(1) Quand l'exercice n'est point accompagné de quelques définitions, l'élève a pour *leçon* toutes les définitions qui précèdent. Alors le moniteur se servira du *questionnaire* placé à la fin du cahier.

diminue le texte de 5 lignes; combien reste-t-il de lettres? R. 817.

P. 3ᵉ. On demande le bénéfice d'une couturière qui vend 65 fr. une robe qu'elle a payée, savoir : 12 mètres de foulard à 2 fr. 50 c., 5 fr. 25 c. de façon et 15 fr. 75 c. de garnitures. R. 14 fr.

P. 4ᵉ. 45 mètres, qu'on avait payés 5 fr. 25 c. l'un, ont été vendus, savoir : 20 à 6 fr. 75 c., et 25 à 7 fr.; on demande le bénéfice de cette opération. R. 75 fr. 75 c.

2ᵉ EXERCICE.

. 1ᵉʳ. Deux marchands se sont livré, savoir : le premier, 65 kilogrammes de sucre à 1 fr. 95 c. le kilogramme; le deuxième, 100 kilogramme de savon à 1 fr. 30 c. le kilogramme, et 7 kilogrammes de bougies à 3 fr. le kilogramme; combien reste-t-il en compte? R. 24 fr. 25 c.

P. 2ᵉ. Quel est le bénéfice d'un cultivateur qui, dépensant 5.574 fr., récolte 450 hectolitres de vin à 15 fr. l'hectolitre, et 184 décalitres de grains à 5 fr. 40 c. l'un? R. 2.169 fr. 60 c.

P. 3ᵉ. Un personne qui devait 6.457 fr. 60 c. a donné en paiement 8 pièces de drap, dont 7 de 35 mètres et une de 24 mètres, à raison de 21 fr. le mètre; que doit-elle encore? R. 808 fr. 60 c.

P. 4ᵉ. Un boulanger a fourni à son marchand de farine, auquel il redevait 98 fr. 50 c.: 1° 243 kilogrammes de pain, 2° 150 kilogrammes à raison de

0,255 millièmes ; qui reste débiteur, et de quelle somme ? R. Le farinier est débiteur de 1 f. 715 millièmes.

3ᵉ EXERCICE.

P. 1ᵉʳ. J'ai acheté 43 stères de bois, dont 20 à 24 fr. le stère tout rendu, et 23 à 19 fr. l'un, plus 115 de voiture pour le tout ; on demande la différence de prix de ces deux achats. R. 72 fr.

P. 2ᵉ. On partage le prix de 66 pièces d'étoffe, à 45 fr, l'une, entre 5 personnes ; la 1ʳᵉ reçoit 1.500 fr., la 2ᵐᵉ 40 fr. de moins que la 1ʳᵉ ; quelle est la part de la 5ᵉ ? R. 10 fr.

P. 3ᵉ. On demande le montant du billet que doit souscrire une personne qui doit 8.974 fr. 50 c., mais qui a donné à compte 1.220 fr. 50 c. et 65 pièces de calicot de 21 fr. l'une. R. 6.389 fr.

P. 4ᵉ. Un élève a reçu 69 bons points de 10, plus 194 bons points de 100 et 19 mauvais ; que lui reste-t-il s'il perd 5 bons points de 10 et si les 19 mauvais points en effacent 19 bons ? R. 20.021.

4ᵉ EXERCICE.

P. 1ᵉʳ. Un épicier a acheté 50 sacs de café, dont 14 à 16 fr. et les autres à 19 fr. 20 c.; quel est le montant de sa facture ? R. 915 fr. 20 c.

P. 2ᵉ. On a payé 894 fr. deux pièces de vin, la 1ʳᵉ de 210 litres, la 2ᵐᵉ de 199 litres ; combien gagne-

3ᵉ *année.* A.

t-on en vendant le litre 3 fr., sachant encore que l'achat du verre et des bouchons a coûté 60 fr.? R. 273 fr.

P. 3ᵉ. Deux enfants ont mis en commun, le 1ᵉʳ 4 bons points de 10, 7 bons points de 100 et 2 bons points de 1.000; le second, 11 bons points de 10 et 15 bons points de 1.000; combien le second en a-t-il mis de plus que le 1ᵉʳ? R. 12.370 bons points.

P. 4ᵉ. Combien gagnera-t-on sur 67 pièces de drap de 84 fr., si on les revend 9 fr. de plus par pièce? R. 603 fr.

5ᵉ EXERCICE.

P. 1ᵉʳ. J'ai acheté une propriété contenant 4 terres : la 1ʳᵉ est de 14 hectares 7.549 centiares; la 2ᵐᵉ de 87 ares 7 centiares; la 3ᵐᵉ de 149 centiares; enfin la 4ᵐᵉ contient autant que la 1ʳᵉ et la 3ᵐᵉ ensemble, moins 59 ares 57 centiares; quelle est la superficie de ma propriété, et combien m'a-t-elle coûté, sachant que je l'ai payée à raison de 4.070 fr. 25 c. l'hectare? R. Superficie : 29 hect. 81 ares 66 centiares; coût : 121.361 fr. 016.

P. 2ᵉ. Que reste-t-il d'un foudre de vin de la capacité d'un mètre cube, duquel on a pris 5 hectolitres et 65 litres? R. 635 litres.

P. 3ᵉ. En ajoutant 21 au produit de 6 par 225,5 et cette somme au produit de 11 par 40, on obtient l'année de l'abdication de Napoléon; trouver l'année

de son sacre, sachant qu'il a régné 10 ans.
R. 1.804.

P. 4ᵉ. Un vitrier a acheté 85 carreaux de 0,40 c.; il en
casse une première fois 7 et une seconde fois 15,
et vend les autres à raison de 0,70 c. la pièce;
quel est son gain? R. 10 fr. 10 c.

6ᵉ EXERCICE.

P. 1ᵉʳ. On a acheté 14 paires de bretelles, dont 9 à
15 fr. la douzaine et les autres douzaines à 45 fr.;
quel est le montant de l'achat? R. 360 fr.

P. 2ᵉ. Un drapier a vendu 19 mètres à 21 fr. et 29 mètres 50 à 20 fr. 25 c.; de l'argent de cette vente
il a acheté 45 mètres 75 de toile à 0,70 c.; combien lui reste-t-il? R. 565 fr. 35 c.

P. 3ᵉ. Combien coûteront 95 pièces d'étoffe, dont 39 de
16 mètres à 2 fr. 20 c. le mètre et les autres de
21 mètres à 3 fr. 25 c.? R. 5.194 fr. 80 c.

P. 4ᵉ. On a acheté un décastère plus un décistère de
bois, et on a donné à compte 102 fr.; combien
doit-on encore, sachant que le stère est de 20 fr.?
R. 100 fr.

Combinaison des quatre règles

SUR LES NOMBRES ENTIERS, LES NOMBRES DÉCIMAUX ET
LES NOMBRES MÉTRIQUES.

Dans une pièce de $83^m,90$, on a pris 14 coupons de $1^m,25$ et 24 de $0^m,75$; combien y trouverait-on de coupons de $2^m,20$? R. 22 coupons.

Exemple.

OPÉRATIONS.

1,25	0,75	17,50	83,90	48,40	2 20
14	24	18,00	35,50	440	22
500	500	35,50	48,40	000	
125	150				
17,50	18,00				

SOLUTIONS.

$$1,25 \times 14 = 17,50$$
$$0,75 \times 24 = 18,00$$
$$17,50 + 18 = 35,50$$
$$83,90 - 35,50 = 48,40$$
$$48,40 : 22 = 22 \text{ coupons.}$$

7e EXERCICE.

P. 1er. On veut faire une emplette de 8.636 fr. ; on a déjà acheté 42 mètres de drap à 18 fr. le mètre et 19 gilets de 8 fr. ; combien peut-on encore avoir de pantalons de 28 fr.? R. 276 pantalons.

P. 2ᵉ. Un teneur de livres gagne, dans une première maison, 2.500 fr., dans une deuxième, 1.500 fr., et dans une troisième, 1.280 fr.; il met le tiers à la caisse d'épargne et dépense le reste, moins 1 fr. 40 c., prix d'une grosse de plumes; à combien s'élève sa dépense journalière? R. 9 fr. 64 c.

P. 3ᵉ. Une personne avait 964 fr. dans le plateau d'une balance; tout à coup elle s'aperçoit que le poids de cet argent monnayé a diminué de 5 kilogrammes 5 hectogrammes et 2 décagrammes; on demande combien il restait dans le plateau de la balance. R. 300 fr.

P. 4ᵉ. Un fermier qui devait 5.776 fr. 90 c. a donné à compte 9 pièces de vin à 45 fr. la pièce, 65 kilolitres de froment à 7 fr. 20 c. l'hectolitre, et 26 fromages à 0,15 c. l'un; combien aura-t-il encore de pièces de 100 fr. à donner pour s'acquitter? R. 29 pièces.

8ᵉ EXERCICE.

P. 1ᵉʳ. Victor a reçu de sa sœur 160 noisettes, de son frère 275; il en a mangé sur le champ 15 et demande combien il en devra manger par jour pour qu'elles durent un mois. R. 14.

P. 2ᵉ. On a payé avec un billet de 2.000 fr. 50 c. 48 mètres d'étoffe à 16 fr. le mètre et 89 mouchoirs à 4 fr. 50 c. l'un; combien aurait-on de chapeaux de 16 fr. avec la somme à retirer? R. 52 chapeaux.

P. 3e. J'ai un foudre de 144 hectolitres où j'ai pris 2 décalitres et 58 barriquauts de 85 litres ; combien y reste-t-il de pièces de 210 litres ? R. 45.

P. 4e. Un père de 8 enfants laisse en mourant un bois estimé 45 674 fr. et un domaine d'une estimation quadruple ; mais il a 1.274 fr. de dettes ; quelle sera la part de chaque héritier ? R. 28.387 fr.

9e EXERCICE.

P. 1er. 4 personnes ont mis en société chacune 9.740 fr. argent et 812 fr. de marchandises ; elles ont acheté un établissement 1.566 fr. ; à la fin de l'année, elles ont un bénéfice de 21.866 fr. ; combien revient-il, bénéfice et capital, à chacune, le prix de l'établissement prélevé ? R. 15.627 fr.

P. 2e. D'un plateau d'une balance qui contenait 6 poids d'un demi-kilogramme et 150 grammes, on a pris 5 kilogrammes et 1 hectogramme ; combien reste-t-il de décagrammes ? R. 5 décagrammes.

P. 3e. Un papetier a reçu 159 rames de papier à 5 fr. 75 c. la rame ; il a eu un escompte de 26 fr. et désire gagner 199 fr. 75 c. ; il demande le prix de la rame. R. 5 fr.

P. 4e. Un imprimeur qui avait 62.744 caractères dans ses casses a composé 25 pages de 32 lignes et 6 pages de 24 lignes ; combien pourrait-il encore composer de pages de 42 lignes, la ligne contenant 46 lettres ou caractères ? R. 10 pages.

10e EXERCICE.

P. 1er. On a pris 18 fr. dans une bourse qui contenait
168 pièces de 0,25 c. et 180 pièces de 0,20 c.;
combien faudrait-il de pièces de 10 fr. pour ba-
lancer le reste? R. 6 pièces.

P. 2e. 15 ouvriers ont fait une première semaine 17 mètres d'étoffe à 7 fr. 40 c., une seconde semaine
15 mètres du même prix ; combien ont-ils gagné
chacun, et combien chacun a-t-il gagné de plus
dans la première semaine que dans la seconde?
R. 15 fr. 78 c.; 0,98 c.

P. 5e. Un marchand de vin a acheté 160 barriquauts de
40 fr. l'un, contenant 48 litres chacun ; il y a eu
5.100 fr. de frais et 80 litres de lie ; à combien
revient le litre ? R. 1 fr. 25 c.

P. 4e. Un ouvrier qui gagne par jour 2 fr. 50 c. reçoit
avec ses gages, au bout de l'an, 49 fr. 45 c.
d'étrennes ; à combien se montent ses journées,
sachant qu'il a absenté 30 jours? R. A 2 fr. 45 c.

11e EXERCICE.

P. 1er. Un couvreur a reçu 6 envois de tuiles de 450
chacun et un de 745, dont il doit faire 25 ran-
gées; combien y en a-t-il dans chaque rangée,
sachant qu'il en a trouvé 20 de brisées ?
R. 137 tuiles.

P. 2e. Dans 7 mois et 155 jours j'aurai 8.030 jours; combien ai-je vécu d'années? R. 21 ans 5 mois 15 j.

P. 3ᵉ. On veut partager entre 2.000 soldats 2 cuves de vin de la capacité, l'une de 1 mètre cube, l'autre de 2 mètres 505 décimètres cubes ; combien en auront-ils chacun, en admettant qu'il s'en perde 5 litres ou décimètres cubes dans le partage ? R. 1 litre 75 centil.

P. 4ᵉ. Combien gagne par mètre un marchand qui vend 1.080 fr. 44 c. 26 mètres de drap qu'il a payés, savoir : 10 mètres à 4 fr. 50 c. le mètre, et 16 mètres à 38 fr. l'un ? R. 16 fr. 44 c.

12ᵉ EXERCICE.

P. 1ᵉʳ. Une urne contient 90 boules, dont 45 blanches de 15 grammes et 45 rouges de 33 grammes ; à combien s'élèverait le nombre des boules si, en conservant le même poids, l'on remplaçait les rouges par des blanches ? R. A 144.

P. 2ᵉ. Un libraire a fait venir 67 exemplaires de *Télémaque* à 0,75 c. l'exemplaire ; combien devrait-il les vendre pour réaliser un bénéfice de 5 f. 50 c., sachant qu'il a payé 2 fr. 11 c. de port et qu'il a eu une remise de 2 fr. 25 c. ? R. 0,83 c.

P. 3ᵉ. Quel est le contenu de deux bourses qui, vides, pèsent chacune 152 grammes, et pleines, la 1ʳᵉ 2 kilogrammes 5 décagrammes, la 2ᵐᵉ 5 kilogrammes ? R. 1.349 fr. 20 c.

P. 4ᵉ. On a reçu deux caisses d'oranges, dont l'une en contient 48 de plus que l'autre ; combien y a-t-il d'oranges dans chaque caisse, sachant que la livraison est de 15 douzaines ? R. 114.

13ᵉ EXERCICE.

P 1ᵉʳ. 80 ouvriers ont travaillé pendant deux mois ; le premier mois ils ont gagné 4 fr. 50 c. chacun par jour, et le second 5 fr. 20 c ; combien revient-il à chacun, sachant qu'ils ont dépensé 6,160 fr. ? R. 214 fr.

P. 2ᵉ. 5 menuisiers ont blanchi 20 douzaines de planches à 2 fr. la douzaine et 18 douzaines à 5 fr. ; 8 menuisiers en ont blanchi 60 douzaines à 4 fr. ; quels sont ceux qui ont le plus gagné, et combien ont-ils gagné de plus que les autres ? R. Les seconds ont gagné 11 fr. 20 c. de plus que les premiers.

P. 5ᵉ. 5 ouvriers font 5 pièces de 17 mètres et 9 pièces de 32 mètres dans le même temps que 17 ouvriers font 1.632 mètres du même ouvrage ; combien un ouvrier des premiers fait-il de mètres de plus qu'un ouvrier des seconds ? R. 17.

P. 4ᵉ. Quel est le poids de l'argent pur et le poids du cuivre contenus dans 10 pièces de 5 fr. et 100 pièces de 2 fr.? R. 1.125 grammes d'argent pur et 125 grammes de cuivre.

14ᵉ EXERCICE.

P. 1ᵉʳ. On a acheté deux pièces d'étoffe, la première de 45 mètres à 12 fr. le mètre, on a payé 9 fr. d'apprêt ; la seconde de 50 mètres à 12 fr. 50 c. le mètre, on a payé 2 fr. 50 c. de pliage ; combien un mètre de la seconde coûte-t-il de moins qu'un mètre de la première ? R. 0,05 c.

P. 2ᵉ. Un particulier laisse par testament 16.400 fr. à partager entre 65 indigents ; on demande la part de chacun, sachant que le testament doit cinq billets de 314 fr., plus un billet de 720 fr. R. 217 fr. 07 c.

P. 3ᵉ. Combien obtiendrait-on de pièces de 1 franc avec un alliage où il entrerait 1° 24 kilogrammes, 2° 95 hectogrammes, et 3° 116 décagrammes moins 2 grammes de cuivre ? R. 69.316 pièces de 1 fr.

P. 4ᵉ. On doit partager entre 5 personnes 855 pièces de 5 fr. et 522 pièces de 20 fr. ; la 1ʳᵉ a droit à 200 fr., la 2ᵐᵉ à 500 fr. ; quelle sera la part de chacune des trois autres ? R. 3.405 fr.

15ᵉ EXERCICE.

P. 1ᵉʳ. Un marchand a fait une vente de 160.209 f. 50 c. ; il a déjà livré 1° 940 pièces de vin de 108 fr., 2° 507 pièces de vin de 98 fr. 50 c. la pièce, le surplus proviendra d'un troisième envoi de 87 fr. 50 c. la pièce ; combien aura-t-il livré de pièces en tout ? R. 1,547 pièces.

P. 2ᵉ. On demande 1° l'or pur, 2° le cuivre contenus dans 100 pièces de 10 fr. et 8 de 40 fr., sachant qu'une pièce de 10 fr. pèse 3 grammes 2.258 centigrammes (les pièces d'or comme celles d'argent contiennent 0 gr.,1 d'alliage). R. 383 gr. 225 d'or pur ; 42 gr. 58 de cuivre.

P 3ᵉ 5 frères et 9 de leurs amis ont dépensé 84 fr. en

3 jours, quand la réunion se grossit encore de 8 nouveaux amis avec lesquels ils ont dépensé un billet de 777 fr., moins un paiement de 337 fr. qu'ils ont fait en route ; combien ont-ils passé de jours ensemble ? R. 10 jours.

P. 4°. Un entrepreneur a payé 845 fr. 50 c. deux troupes d'ouvriers pour 215 journées de travail, dont 94 à raison de 2 fr. 50 c. pour la première troupe ; quel est le prix de la journée de chaque ouvrier de la deuxième troupe, sachant que les deux troupes ont eu une réduction de 15 f. 50 c.? R. 5 fr.

16ᵉ EXERCICE.

P. 1ᵉʳ. Combien a-t-on employé d'ouvriers gagnant chacun 2 fr. 45 c. par jour pour clore un jardin, sachant qu'il a fallu 159 fagots d'épines à 0,75 c. l'un, pour 8 fr. 95 c. de fil de fer, et qu'on a payé 150 fr. 25 c.? R. 9 ouvriers.

P. 2°. Deux élèves ont ensemble 497 bons points ; si le premier avait de plus 9 bons points de 10, le second 11 bons points de 5 et 3 bons points de 20 de moins, ils en auraient le même nombre ; quel nombre de bons points ont-ils chacun ? R. 236 ; 261.

P. 3°. On a acheté 12 douzaines de porte-crayons à 1 fr. 20 la douzaine ; il y a eu 0,60 c. de port et 19 porte-crayons de perdus ; quel sera le prix du porte-crayon si l'on veut gagner 5 fr. sur cet achat ? R. 0,16 centimes.

P. 4ᵉ. Avec l'alliage de 2 hectogrammes 6 de cuivre et 2 kilogrammes 34 d'argent pur on a fait 20 pièces de 1 fr., et l'on demande combien l'on devra faire de pièces de 5 fr. avec le reste. R. 100 pièces de 5 fr.

17ᵉ EXERCICE.

P. 1ᵉʳ. Un marchand de coton a payé 2.139 fr. 98 c. 30 balles, dont 7 à 90 fr. et 15 à 80 fr. 50 c.; quel est le prix de chacune des autres balles? R. 57 fr. 81 c.

P. 2ᵉ. On devait fondre 2 lingots d'argent, le premier pesant 4 kilogrammes 5 grammes, le second 94 kilogrammes 67 grammes; mais on a retranché 3 kilogrammes 5 grammes à ce dernier; trouver la quantité de cuivre qu'on devrait ajouter à cette fonte pour en faire de la monnaie. R. 10 kilogrammes 563 grammes.

P. 3ᵉ. Un négociant a acheté 1° 23 pièces, 2° 14 pièces de drap à 214 fr. l'une; il en revend 5 à 119 fr.; à quel prix doit-il revendre les autres pour ne pas perdre, sachant qu'il a eu 27 fr. de frais? R. 229 fr. 687.

P. 4ᵉ. Un vitrier a reçu 740 fr. pour le prix des carreaux de 140 croisées, dont 50 ont 8 carreaux et les autres 12; quel est le prix de chaque carreau? R. 0,50 c.

18e EXERCICE.

P. 1er. On fond 2 lingots, l'un de 22 grammes 575 de cuivre, l'autre de 203 grammes 175 or pur, et on fait 10 pièces de 20 fr.; combien peut-on faire de pièces de 40 fr. avec ce qu'il reste de cet alliage ? R. 12 pièces, reste 6 gr. 5.956.

P. 2e. Avec 3 décalitres de pommes à 4 fr. 50 c. le décalitre, et 2 décalitres de poires à 5 fr. le décalitre, on fait 250 litres de boisson; on demande le prix du litre, sachant que les 45 derniers litres n'ont rien valu. R. 0,10 cent.

P. 3e. Un marchand de comestibles a vendu 8 douzaines de cailles à 0,20 c. la pièce, 15 perdrix à 2 f. 50 c. l'une, et 11 douzaines de bécasses ; la vente des cailles et des perdrix a été dépassée par celle des bécasses de 107 fr. 30 c.; à quel prix a-t-il vendu chaque bécasse ? R. 2 fr.

P. 4e. On désire partager le montant de 850 mètres de drap à 14 fr. 75 le mètre entre 4 personnes, de manière que la première ait 50 fr. de plus que la deuxième, que la deuxième ait 940 fr. de plus que la troisième et que la troisième ait 7 billets de 253 fr. de plus que la quatrième ; quelle sera la part de chaque personne ? R 4.084 fr. 625 ; 4.034 fr. 625 ; 3.094 fr. 625 ; 1.323 fr. 625.

FRACTIONS.

DES FRACTIONS ORDINAIRES.

1. Une *fraction ordinaire* est une ou plusieurs parties de l'*unité divisée* en parties égales.

2. On exprime une fraction par deux termes : le *numérateur* et le *dénominateur*.

3. Le *dénominateur* signifie *dénommer ;* il indique en combien de parties égales l'unité a été divisée.

4. Le *numérateur* signifie *numérer, compter ;* il indique combien l'on prend de parties égales.

5. Pour *lire* ou *énoncer* une fraction ordinaire, on énonce le *numérateur*, puis le *dénominateur*, auquel on ajoute la terminaison *ième ;* sont exceptés les dénominateurs 2, 3, 4, qui se lisent *demi, tiers, quart.*

6. Pour *écrire* une fraction, on écrit d'abord le *numérateur*, puis le *dénominateur* au dessous, en séparant les deux termes par un trait horizontal.

Exemple.

$$\frac{5}{8}$$ numérateur.

dénominateur.

7. La valeur d'une fraction *augmente* quand on ajoute un même nombre à ses deux termes.

En effet, si l'on ajoute **4** aux deux termes de la fraction $\frac{2}{3}$, il vient $\frac{2}{3} + \frac{4}{4} = \frac{6}{7}$, fraction plus grande que $\frac{2}{3}$; car, à $\frac{2}{3}$, il manque $\frac{1}{3}$ pour que cette fraction soit égale à l'unité, tandis qu'à $\frac{6}{7}$, il ne manque que $\frac{1}{7}$, quantité plus petite que $\frac{1}{3}$.

8. On démontre de la même manière qu'une fraction *diminue* si l'on retranche un même nombre à ses deux termes.

9. On démontrerait aussi que tout le contraire a lieu dans un *nombre fractionnaire*. (V. le paragraphe **16**, IIIe partie.)

Exemple.

$\frac{15}{14}$ $\frac{15 \div 2}{14 \div 2} = \frac{17}{16}$ fract. pl. pet. $\frac{15-2}{14-2} = \frac{13}{12}$ fr. pl. gr.

19ᵉ EXERCICE.

*1° Ajouter, 2° retrancher 2 aux deux termes des quan-
tités suivantes, et dire ce qu'elles deviennent en appliquant le raisonnement qui précède (1).*

$\frac{12}{13}$ R. $\frac{14}{15}$ fract. pl. gr. $\frac{10}{11}$ fract. plus petite.

$\frac{7}{6}$ R. $\frac{9}{8}$ id. pl. pet. $\frac{5}{4}$ id. plus grande.

$\frac{9}{8}$ R. $\frac{11}{10}$ id. $\frac{7}{6}$ id.

$\frac{8}{7}$ R. $\frac{10}{9}$ id. $\frac{5}{6}$ id.

$\frac{19}{18}$ R. $\frac{21}{20}$ id. $\frac{17}{16}$ id.

10. On forme les fractions en divisant l'unité en un certain nombre de parties égales et en prenant une ou plusieurs de ces parties. D'où il suit que :

11. Une fraction est *plus petite* que l'unité, lorsque le numérateur est plus petit que le dénominateur, $\frac{5}{6}$;

12. Elle est *égale* à l'unité, lorsque le numérateur est égal au dénominateur, $\frac{6}{6}$;

13. Elle est *plus grande* que l'unité, lorsque le numérateur est plus grand que le dénominateur, $\frac{7}{6}$.

14. Dans les fractions décimales, le dénominateur est indiqué par le rang du dernier

(1) Répéter ici ce raisonnement sur chacune de ces fractions n'aurait fait que grossir inutilement le volume

chiffre décimal; donc, pour *réduire une fraction décimale en fraction ordinaire*, il faut prendre pour numérateur l'ensemble des chiffres décimaux, et pour dénominateur l'unité suivie d'autant de zéros qu'il y a de chiffres décimaux.

Exemple.

$$0,45 = \frac{45}{100}$$

20e EXERCICE.

Convertir les fractions décimales suivantes en fractions ordinaires.

$0,5 = \frac{5}{10}$

$0,05 = \frac{5}{100}$

$0,60 = \frac{60}{100}$

$0,007 = \frac{7}{1000}$

$0,01 = \frac{1}{100}$

$0,009 = \frac{9}{1000}$

$0,40 = \frac{40}{100}$

$0,500 = \frac{500}{1000}$

$0,050 = \frac{50}{1000}$

$0,08 = \frac{8}{100}$

$0,60 = \frac{60}{100}$

$0,71 = \frac{71}{100}$

$0,484 = \frac{484}{1000}$

$0,507 = \frac{507}{1000}$

$0,6005 = \frac{6005}{10000}$

$0,7403 = \frac{7403}{10000}$

$0,40 = \frac{40}{100}$

$0,500 = \frac{500}{1000}$

$0,2000 = \frac{2000}{10000}$

$0,0009 = \frac{9}{10000}$

15. Pour *convertir une fraction ordinaire en fraction décimale*, il faut diviser le numérateur

A...

par le dénominateur, parce qu'on doit considérer une fraction comme l'indication d'une division dont le numérateur est le dividende et le
dénominateur le diviseur.

Exemple.

$$\frac{3}{4} = 3 : 4 = 0,75$$

21ᵉ EXERCICE.

*Convertir les fractions ordinaires suivantes en frac-
tions décimales.*

$\frac{1}{2} = 0,50$		$\frac{24}{31} = 0,774$
$\frac{4}{5} = 0,8$		$\frac{63}{45} = 1,4$
$\frac{7}{9} = 0,777$		$\frac{81}{50} = 1,62$
$\frac{6}{7} = 0,857$		$\frac{94}{81} = 1,160$
$\frac{2}{3} = 0,666$		$\frac{52}{32} = 1,625$
$\frac{11}{17} = 0,647$		$\frac{104}{94} = 1,106$
$\frac{9}{11} = 0,818$		$\frac{917}{83} = 11,048$
$\frac{13}{21} = 0,619$		$\frac{614}{240} = 2,558$
$\frac{108}{840} = 0,128$		$\frac{221}{96} = 2,302$
$\frac{155}{97} = 1,598$		$\frac{519}{314} = 1,652$

16. Un *nombre fractionnaire* est la réunion
d'un nombre entier et d'une fraction ordinaire,
comme 5 unités $\frac{3}{4}$ ou $\frac{23}{4}$.

17. On entend par *expression fractionnaire* toute quantité mise sous la forme de fraction ordinaire, comme $\frac{2}{3}$, $\frac{5}{4}$, $\frac{5\times2\times3}{10\times6}$.

18. Pour *convertir un nombre entier en expression fractionnaire*, il faut le multiplier par le dénominateur de la fraction que l'on veut avoir et écrire sous le produit le dénominateur donné.

Soit 3 à convertir en cinquièmes :

Si 1 unité égale $\frac{5}{5}$ (V. parag. **12**, III\ :sup:e partie.)
5 unités égaleront 3 fois $\frac{5}{5}$ ou $\frac{15}{5}$.

19. Pour *convertir un nombre fractionnaire en une seule expression fractionnaire*, il faut multiplier le nombre entier par le dénominateur, ajouter au produit le numérateur, et donner à ce résultat pour dénominateur le dénominateur de la fraction.

<hr>

22\ :sup:e EXERCICE.

Convertir en expressions fractionnaires les nombres fractionnaires suivants.

$$5 + \frac{3}{4} = \frac{23}{4}$$
$$12 + \frac{8}{9} = \frac{116}{9}$$
$$27 + \frac{10}{15} = \frac{415}{15}$$

$$50 + \frac{2}{6} = \frac{302}{6}$$
$$67 + \frac{1}{7} = \frac{470}{7}$$
$$70 + \frac{32}{33} = \frac{2342}{33}$$

$$79 + \frac{43}{47} = \frac{3756}{47}$$

$$89 + \frac{55}{49} = \frac{4416}{49}$$

$$95 + \frac{63}{66} = \frac{6333}{66}$$

$$100 + \frac{71}{94} = \frac{9471}{94}$$

$$105 + \frac{80}{90} = \frac{9530}{90}$$

$$1 + \frac{86}{100} = \frac{186}{100}$$

$$199 + \frac{90}{112} = \frac{22378}{112}$$

$$200 + \frac{93}{125} = \frac{25093}{125}$$

$$425 + \frac{105}{160} = \frac{68105}{160}$$

$$437 + \frac{167}{194} = \frac{84945}{194}$$

$$444 + \frac{170}{102} = \frac{45458}{102}$$

$$461 + \frac{223}{235} = \frac{108558}{235}$$

$$567 + \frac{250}{271} = \frac{153907}{271}$$

$$689 + \frac{269}{273} = \frac{188366}{273}$$

20. Pour *extraire les entiers* contenus dans un nombre fractionnaire, il faut diviser le numérateur par le dénominateur, car une fraction n'est autre chose que l'indication d'une division. Si la division a un reste, ce reste devient le numérateur d'une nouvelle fraction que l'on joint aux entiers trouvés au quotient.

Exemple.

$$\frac{10}{3} = 10 : 3 = 3 \text{ unités} + \frac{1}{3}$$

23e EXERCICE.

Extraire les unités contenues dans les expressions fractionnaires suivantes.

$$\frac{7}{5} = 1 + \frac{2}{5}$$

$$\frac{19}{2} = 9 + \frac{1}{2}$$

$$\frac{25}{6} = 4 + \frac{1}{6}$$

$$\frac{31}{4} = 7 + \frac{3}{4}$$

$$\frac{45}{17} = 2 + \frac{11}{17}$$

$$\frac{59}{27} = 2 + \frac{5}{27}$$

$$\frac{64}{35} = 1 + \frac{29}{35} \qquad\qquad \frac{420}{110} = 3 + \frac{90}{110}$$

$$\frac{92}{39} = 2 + \frac{14}{39} \qquad\qquad \frac{72}{40} = 1 + \frac{32}{40}$$

$$\frac{103}{46} = 2 + \frac{11}{46} \qquad\qquad \frac{352}{176} = 2$$

$$\frac{424}{72} = 5 + \frac{64}{72} \qquad\qquad \frac{423}{49} = 8 + \frac{31}{49}$$

$$\frac{297}{66} = 4 + \frac{33}{66} \qquad\qquad \frac{449}{129} = 3 + \frac{62}{129}$$

$$\frac{329}{75} = 4 + \frac{29}{75} \qquad\qquad \frac{500}{200} = 2 + \frac{100}{200}$$

$$\frac{362}{94} = 3 + \frac{80}{94} \qquad\qquad \frac{684}{165} = 4 + \frac{24}{165}$$

21. Une fraction n'est autre chose que l'indication d'une division. Par conséquent :

22. Si l'on multiplie le numérateur d'une fraction par un nombre, la fraction devient ce nombre de fois plus grande, $\frac{3 \times 2}{4} = \frac{6}{4}$. (V. le paragraphe 59, IIe partie.)

23. Si l'on multiplie le dénominateur seul par un nombre, la fraction devient ce nombre de fois plus petite, $\frac{2}{3 \times 2} = \frac{2}{6}$. (V. le par. 60, IIe p.)

24. Si l'on multiplie les deux termes par un même nombre, la fraction ne change pas, $\frac{1 \times 2}{4 \times 2} = \frac{2}{8}$. (V. le paragr. 61, IIe partie.)

25. Si l'on divise le numérateur seul par un nombre, la fraction devient ce nombre de fois plus petite, $\frac{4 : 2}{7} = \frac{2}{7}$.

26. Si l'on divise le dénominateur seul par un nombre, la fraction devient ce nombre de fois plus grande, $\frac{3}{8 : 2} = \frac{3}{4}$.

A ..

27. Si l'on divise les deux termes par un même nombre, la fraction ne change pas, $\frac{8:2}{10:2} = \frac{4}{5}$.

24ᵉ EXERCICE.

Multiplier et diviser par 3 les fractions suivantes, en faisant subir une transformation : 1° aux numérateurs, 2° aux dénominateurs.

TRANSFORMATIONS.

Multiplications.			Divisions.	
$\frac{6}{9}$	$\frac{18}{9}$	$\frac{2}{9}$	$\frac{16}{27}$	$\frac{6}{3}$
$\frac{24}{27}$	$\frac{72}{27}$	$\frac{8}{27}$	$\frac{24}{81}$	$\frac{24}{9}$
$\frac{9}{12}$	$\frac{27}{27}$	$\frac{3}{12}$	$\frac{9}{36}$	$\frac{9}{4}$
$\frac{39}{42}$	$\frac{117}{42}$	$\frac{13}{42}$	$\frac{39}{14}$	$\frac{39}{126}$
$\frac{15}{18}$	$\frac{45}{18}$	$\frac{5}{18}$	$\frac{15}{54}$	$\frac{15}{6}$
$\frac{30}{36}$	$\frac{90}{36}$	$\frac{10}{36}$	$\frac{30}{12}$	$\frac{30}{108}$
$\frac{21}{24}$	$\frac{63}{24}$	$\frac{7}{24}$	*imposs.*	$\frac{28}{93}$
$\frac{45}{39}$	$\frac{135}{39}$	$\frac{15}{39}$	$\frac{45}{117}$	$\frac{45}{13}$
$\frac{18}{21}$	$\frac{54}{21}$	$\frac{6}{21}$	$\frac{18}{63}$	$\frac{18}{7}$
$\frac{28}{31}$	$\frac{84}{31}$	*imposs.*	$\frac{21}{72}$	$\frac{21}{8}$

SIMPLIFICATION DES FRACTIONS.

28. *Réduire une fraction à sa plus simple expression*, c'est la ramener à ses *plus petits termes* sans changer la valeur de cette fraction.

29. La simplification des fractions repose sur ce principe, que l'on ne change pas la valeur d'une fraction en divisant ses deux termes par un même nombre.

30. Il y a deux manières de simplifier une fraction.

31. Première Méthode. La première méthode consiste à diviser le numérateur et le dénominateur successivement par 2, 3, 5, 7, etc., autant de fois que cela est possible.

32. Cette méthode repose sur la connaissance de la divisibilité des nombres.

Exemple.

$$\frac{36}{108} : 2 = \frac{18}{54} : 2 = \frac{9}{27} : 3 = \frac{3}{9} : 3 = \frac{1}{3}$$

25ᵉ EXERCICE.

Simplifier les fractions suivantes d'après la première méthode.

$$\frac{64}{9}$$

$$\frac{21}{26}$$

irréduct.

$$\frac{56}{74} = \frac{28}{37}$$

$$\frac{108}{144} = \frac{3}{4}$$

$$\frac{72}{216} = \frac{1}{3}$$

$$\frac{11}{115} \text{ irréductible.}$$

$$\frac{75}{100} = \frac{3}{4}$$

$$\frac{256}{384} = \frac{2}{3}$$

$$\frac{21}{54} = \frac{7}{18}$$

$$\frac{16}{28} = \frac{4}{7} \qquad\qquad \frac{110}{20} = \frac{11}{2}$$

$$\frac{72}{81} = \frac{8}{9} \qquad\qquad \frac{18}{21} = \frac{6}{7}$$

$$\frac{66}{90} = \frac{11}{15} \qquad\qquad \frac{24}{48} = \frac{1}{2}$$

$$\frac{58}{28} = \frac{29}{14} \qquad\qquad \frac{531}{324} = \frac{59}{36}$$

$$\frac{67}{45}\ irréduct. \qquad\qquad \frac{136}{208} = \frac{17}{26}$$

33. Deuxième Méthode. La deuxième méthode consiste à diviser les deux termes de la fraction par le plus grand commun diviseur.

34. Le plus grand commun diviseur de plusieurs nombres est le plus grand nombre qui les divise sans reste.

THÉORIE DU PLUS GRAND COMMUN DIVISEUR.

35. La théorie du plus grand commun diviseur repose sur les trois principes suivants :

Premier principe. Tout diviseur d'un nombre divise aussi un multiple quelconque de ce nombre.

Ainsi, 3, qui divise 9, divise aussi un multiple quelconque de 9 : 27, par exemple.

Deuxième principe. Tout nombre qui divise séparément deux autres nombres divise aussi leur somme.

4 et 12 étant divisibles l'un et l'autre par 2, leur somme 4 + 12 ou 16 est divisible par 2.

Troisième principe. Tout nombre qui divise une somme et l'une de ses parties, divise aussi l'autre partie.

4, *qui divise le nombre* **20** *et l'une de ses parties* **12,** *divise aussi l'autre partie* **8.**

36. Soit à réduire la fraction $\frac{306}{360}$ à sa plus simple expression par la méthode du plus grand commun diviseur :

Opérations.

306	1	5	1	2
	360	54	36	18
54	36	18	00	

RAISONNEMENT. Le plus grand commun diviseur entre 360 et 306 ne peut surpasser 306 ; donc, si 306 divise 360, il sera le plus grand commun diviseur cherché. En effectuant la division, on trouve **1** au quotient et **54** pour reste. Le nombre 306 n'est donc pas le plus grand commun diviseur.

Mais le plus grand commun diviseur entre 360 et 306 est le même que celui qui existe entre le plus petit nombre 306 et le reste 54.

En effet, on a : $360 = 306 \times 1 + 54$.

Or, le plus grand commun diviseur cherché, divisant la somme 360 et l'une de ses parties 306×1, divise aussi l'autre partie 54.

Donc, le plus grand commun diviseur entre 306 et 54 est le même que celui qui existe entre 360 et 306. Le plus grand commun diviseur ne peut surpasser 54 ; et si la division de 306 par 54 se fait exactement, 54 sera le plus grand commun diviseur cherché.

En divisant 306 par 54, on a 5 au quotient et 36 pour reste ; 54 n'est donc pas le plus grand commun diviseur. Mais on a $306 = 54 \times 5 + 36$, donc le plus grand commun diviseur entre 306 et 54 est le même que celui qui existe entre 54 et 36. (Voyez 1er, 2e et 3e principes.)

Ainsi, la question est ramenée à chercher le plus grand commun diviseur entre 54 et 36.

En continuant le même raisonnement et les mêmes opérations, on trouve 18 pour le plus grand commun diviseur entre 360 et 306.

37. RÈGLE. Pour trouver le plus grand commun diviseur de deux nombres, il faut diviser le plus grand par le plus petit. Si la division n'a pas de reste, le plus petit nombre sera le

plus grand commun diviseur ; si elle a un reste, il faut diviser le premier diviseur par ce reste et continuer la division jusqu'à ce qu'elle se fasse exactement.

Le dernier diviseur employé sera le plus grand commun diviseur. Si le dernier reste est l'unité, les deux nombres proposés sont premiers entre eux, et la fraction ne peut pas être simplifiée.

38. Plusieurs nombres sont *premiers entre eux* lorsqu'ils n'ont d'autre commun diviseur que l'unité.

39. On appelle *fraction irréductible* celle qui ne peut pas être simplifiée.

Chercher les plus grands communs diviseurs des fractions suivantes en appliquant la théorie ci-dessus.

26ᵉ EXERCICE.		27ᵉ EXERCICE.	
$\frac{16}{56}$	R. 8	$\frac{15}{90}$	R. 15
$\frac{81}{18}$	R. 9	$\frac{48}{108}$	R. 12
$\frac{63}{28}$	R. 7	$\frac{225}{72}$	R. 9
$\frac{99}{72}$	R. 9	$\frac{188}{160}$	R. 4
$\frac{95}{55}$	R. 5	$\frac{180}{108}$	R. 36

28e EXERCICE.

Simplifier par la seconde méthode les fractions suivantes.

$$\frac{78}{65} = \frac{6}{5} \qquad\qquad \frac{24}{216} = \frac{1}{9}$$

$$\frac{1365}{945} = \frac{91}{63} \qquad\qquad \frac{436}{476} = \frac{109}{119}$$

$$\frac{840}{777} = \frac{40}{37} \qquad\qquad \frac{96}{816} = \frac{2}{17}$$

$$\frac{55}{165} = \frac{1}{3} \qquad\qquad \frac{61}{43} \; irréductible.$$

$$\frac{27}{143} \; irréduct. \qquad\qquad \frac{270}{108} = \frac{5}{2}$$

RÉDUCTION DES FRACTIONS AU MÊME DÉNOMINATEUR.

40. Réduire des fractions *au même dénominateur,* c'est les ramener à être de la *même espèce* sans en changer la valeur.

41. La *réduction des fractions au même dénominateur* repose sur ce principe, que l'on ne change pas la valeur d'une fraction en multipliant ses deux termes par un même nombre.

42. PREMIÈRE RÈGLE. Pour réduire deux fractions au même dénominateur, il faut multiplier les deux termes de la première par le dénominateur de la seconde, et les deux termes de la seconde par le dénominateur de la première.

Exemple.

Soient les 2 fractions $\frac{2}{7}$, $\frac{3}{4}$.

Solution.

$$\frac{2}{7} = \frac{2\times4}{7\times4} = \frac{8}{28}$$
$$\frac{3}{4} = \frac{3\times7}{4\times7} = \frac{21}{28}$$

43. RAISONNEMENT. Ces fractions n'ont pas changé de valeur, parce qu'on a multiplié les deux termes de chacune par un même nombre.

44. Les dénominateurs sont les mêmes, parce que chacun d'eux est le produit de tous les dénominateurs donnés.

29ᵉ EXERCICE.

Réduire au même dénominateur les fractions suivantes.

$$\frac{5}{10} = \frac{40}{80}$$
$$\frac{7}{8} = \frac{70}{80}$$

$$\frac{6}{11} = \frac{5}{99}$$
$$\frac{8}{9} = \frac{88}{99}$$

$$\frac{7}{11} = \frac{105}{165}$$
$$\frac{13}{15} = \frac{143}{165}$$

$$\frac{9}{12} = \frac{171}{228}$$
$$\frac{14}{19} = \frac{168}{228}$$

30ᵉ EXERCICE.

$$\frac{12}{15} = \frac{72}{90}$$
$$\frac{2}{6} = \frac{30}{90}$$

$$\frac{23}{24} = \frac{425}{408}$$
$$\frac{15}{17} = \frac{360}{408}$$

$$\frac{1}{3} = \frac{19}{57}$$
$$\frac{15}{19} = \frac{45}{57}$$

$$\frac{2}{7} = \frac{46}{161}$$
$$\frac{16}{23} = \frac{112}{161}$$

3ᵉ année.

45. Deuxième règle. Pour réduire *plus de deux* fractions au même dénominateur, il faut multiplier les deux termes de chaque fraction par le produit de tous les dénominateurs, excepté celui de la fraction sur laquelle on opère.

Exemple.

Soient les fractions $\frac{1}{3}$, $\frac{1}{2}$, $\frac{2}{5}$.

Solution.

$$\frac{1}{3} = \frac{1 \times 2 \times 5}{3 \times 2 \times 5} = \frac{10}{30}$$

$$\frac{1}{2} = \frac{1 \times 3 \times 5}{2 \times 3 \times 5} = \frac{15}{30}$$

$$\frac{2}{5} = \frac{2 \times 3 \times 2}{5 \times 3 \times 2} = \frac{12}{30}$$

31ᵉ EXERCICE.

Réduire au même dénominateur les fractions suivantes, d'après la deuxième règle.

$$\frac{37}{41} = \frac{66674}{73882} \qquad \frac{22}{24} = \frac{46860}{51120}$$

$$\frac{30}{34} = \frac{65190}{73882} \qquad \frac{28}{30} = \frac{47712}{51120}$$

$$\frac{48}{53} = \frac{66912}{73882} \qquad \frac{66}{71} = \frac{47520}{51120}$$

$$\frac{27}{29} = \frac{77760}{83520} \qquad \frac{24}{27} = \frac{71136}{80028}$$

$$\frac{32}{36} = \frac{74240}{83520} \qquad \frac{34}{38} = \frac{71604}{80028}$$

$$\frac{74}{80} = \frac{77256}{83520} \qquad \frac{69}{78} = \frac{70794}{80028}$$

52e EXERCICE.

$$\frac{58}{63} - \frac{12906624}{14019264} \qquad \frac{61}{66} - \frac{16021040}{17334240}$$

$$\frac{56}{61} - \frac{12870144}{14019264} \qquad \frac{51}{56} - \frac{15786540}{17334240}$$

$$\frac{52}{57} - \frac{12789504}{14019264} \qquad \frac{62}{67} - \frac{16040640}{17334240}$$

$$\frac{59}{64} - \frac{12924009}{14019264} \qquad \frac{65}{70} - \frac{16096080}{17334240}$$

46. TROISIÈME RÈGLE. Quand on a *un grand nombre* de fractions à réduire au même dénominateur, on cherche, pour abréger les opérations, un nombre qui soit divisible par tous les dénominateurs. Ce nombre s'appelle *dénominateur commun.*

47. On trouve le dénominateur commun en multipliant tous les dénominateurs, à l'exception des dénominateurs sous-multiples ; on divise ce dénominateur commun par tous les dénominateurs, et l'on multiplie les deux termes de chaque fraction par leurs quotients respectifs.

Exemple.

Soient les fractions $\frac{2}{3}$, $\frac{1}{2}$, $\frac{3}{9}$, $\frac{2}{12}$.

Solution.

$12 \times 9 = 108$ dénominateur commun.

Quotients respectifs.

$$\frac{2}{3} \quad 36 \quad \frac{2\times36}{3\times36} = \frac{72}{108}$$

$$\frac{1}{2} \quad 54 \quad \frac{1\times54}{2\times54} = \frac{54}{108}$$

$$\frac{3}{9} \quad 12 \quad \frac{3\times12}{9\times12} = \frac{36}{108}$$

$$\frac{2}{12} \quad 9 \quad \frac{2\times9}{12\times9} = \frac{18}{108}$$

33ᵉ EXERCICE.

*Réduire au même dénominateur les fractions suivantes,
d'après la troisième règle.*

$$\frac{5}{6} = \frac{10}{12} \qquad\qquad \frac{15}{18} = \frac{30}{36}$$

$$\frac{1}{3} = \frac{4}{12} \qquad\qquad \frac{2}{3} = \frac{24}{36}$$

$$\frac{7}{12} = \frac{7}{12} \qquad\qquad \frac{5}{12} = \frac{15}{36}$$

$$\frac{1}{2} = \frac{6}{12} \qquad\qquad \frac{7}{9} = \frac{28}{36}$$

34ᵉ EXERCICE.

$$\frac{3}{7} = \frac{90}{210} \qquad\qquad \frac{7}{8} = \frac{448}{64}$$

$$\frac{17}{21} = \frac{170}{210} \qquad\qquad \frac{9}{64} = \frac{9}{64}$$

$$\frac{2}{5} = \frac{84}{210} \qquad\qquad \frac{3}{4} = \frac{48}{64}$$

$$\frac{5}{6} = \frac{155}{210} \qquad\qquad \frac{19}{32} = \frac{38}{64}$$

$$\frac{34}{42} = \frac{170}{210} \qquad\qquad \frac{1}{2} = \frac{32}{64}$$

$$\frac{1}{3} = \frac{70}{210} \qquad\qquad \frac{15}{16} = \frac{60}{64}$$

ADDITION DES FRACTIONS.

48. Pour *additionner plusieurs fractions*, il
faut les réduire au même dénominateur si elles

ne sont pas de même espèce, car on ne peut additionner que des quantités de même nature ; puis faire la somme des numérateurs et donner à ce résultat le dénominateur commun.

Exemple.

Soient à additionner les fractions $\frac{2}{5}$, $\frac{3}{4}$.

Solution.

$$\frac{2}{5} = \frac{2\times4}{5\times4} = \frac{8}{20} \qquad 8$$
$$\frac{3}{4} = \frac{3\times5}{4\times5} = \frac{15}{20} \qquad \underline{15}$$

$$\text{Somme}: \frac{23}{20} = 1 + \frac{3}{20}$$

35ᵉ EXERCICE.

Additionner les fractions indiquées ci-dessous.

$$\frac{12}{17} + \frac{52}{37} + \frac{1568}{969} = \frac{303884}{938961}$$

$$\frac{53}{58} + \frac{9}{14} + \frac{1246}{842} = \frac{2052736}{659344}$$

$$\frac{20}{25} + \frac{23}{28} + \frac{32}{37} = \frac{64395}{25900}$$

$$\frac{41}{46} + \frac{18}{23} + \frac{60}{63} = \frac{175953}{66654}$$

36ᵉ EXERCICE.

$$\frac{21}{26} + \frac{49}{54} + \frac{11}{16} = \frac{53972}{22464}$$

$$\frac{51}{56} + \frac{40}{43} + \frac{10}{15} + \frac{72}{77} = \frac{9899925}{2910600}$$

$$\frac{59}{64} + \frac{8}{13} + \frac{83}{88} + \frac{91}{96} = \frac{24097024}{7028736}$$

$$\frac{62}{67} + \frac{82}{87} + \frac{61}{66} + \frac{103}{108} = \frac{155636658}{41549112}$$

$$\frac{73}{78} + \frac{102}{107} + \frac{81}{86} + \frac{60}{65} = \frac{175244580}{46654140}$$

$$\frac{101}{106} + \frac{93}{98} + \frac{80}{85} + \frac{70}{75} = \frac{250081100}{66223500}$$

SOUSTRACTION DES FRACTIONS.

49. Pour *soustraire une fraction d'une autre fraction*, il faut les réduire au même dénominateur si elles ne sont pas de la même espèce, car on ne peut soustraire que des quantités de même nature; puis retrancher le plus petit numérateur du plus grand et donner au reste le dénominateur commun.

Exemple.

Soit à retrancher $\frac{2}{3}$ de $\frac{3}{4}$.

Solution.

$$\frac{3}{4} = \frac{3\times3}{4\times3} = \frac{9}{12} \qquad \mathbf{9}$$
$$\frac{2}{3} = \frac{2\times4}{3\times4} = \frac{8}{12} \qquad \mathbf{8}$$

Reste $\frac{1}{12}$

37e EXERCICE.

Soustraire les fractions indiquées ci-dessous.

$$\frac{65}{70} - \frac{34}{39} = \frac{155}{2730} \qquad \frac{58}{63} - \frac{43}{50} = \frac{65}{3150}$$

$$\frac{78}{83} - \frac{14}{19} = \frac{320}{1575} \qquad \frac{108}{113} - \frac{98}{103} = \frac{50}{11639}$$

58ᵉ EXERCICE.

$$\frac{45}{51} - \frac{27}{32} = \frac{95}{1632}$$ || $$\frac{85}{90} - \frac{45}{50} = \frac{140}{3580}$$

$$\frac{84}{89} - \frac{34}{39} = \frac{80}{6497}$$ || $$\frac{75}{80} - \frac{48}{103} = \frac{250}{2400}$$

$$\frac{107}{112} - \frac{14}{10} = \frac{65}{10088}$$ || $$\frac{104}{109} - \frac{27}{32} = \frac{330}{4687}$$

MULTIPLICATION DES FRACTIONS.

50. La *multiplication des fractions* présente trois cas.

1ᵉʳ cas. Multiplier une fraction par un nombre entier.

2ᵉ cas. Multiplier un nombre entier par une fraction.

3ᵉ cas. Multiplier une fraction par une fraction.

51. **1ᵉʳ cas.** Règle. Pour multiplier une *fraction* par un *nombre entier*, il faut multiplier le numérateur par l'entier et donner au produit pour dénominateur le dénominateur de la fraction.

Exemple.

Soit à multiplier $\frac{2}{3}$ par 4.

Solution.

$$\frac{2}{3} \times 4 = \frac{2 \times 4}{3} = \frac{8}{3} = 2 + \frac{2}{3}$$

52. Raisonnement. Multiplier $\frac{2}{3}$ par **4**, c'est rendre cette fraction **4** fois plus forte.

Or, pour rendre une fraction **4** fois plus grande, il faut multiplier son numérateur par **4**.

39ᵉ EXERCICE.

Faire les multiplications indiquées ci-dessous et appliquer le raisonnement.

$$\frac{1}{6} \times 46 = \frac{1 \times 46}{6} = \frac{46}{6} = 7 + \frac{4}{6}$$
$$\frac{9}{11} \times 17 = \frac{9 \times 17}{11} = \frac{153}{11} = 13 + \frac{10}{11}$$
$$\frac{3}{8} \times 16 = \frac{3 \times 16}{8} = \frac{48}{8} = 6$$
$$\frac{11}{16} \times 7 = \frac{11 \times 7}{16} = \frac{77}{16} = 4 + \frac{13}{16}$$

40ᵉ EXERCICE.

$$\frac{41}{43} \times 13 = \frac{41 \times 13}{43} = \frac{533}{43} = 12 + \frac{17}{43}$$
$$\frac{21}{26} \times 36 = \frac{21 \times 36}{26} = \frac{756}{26} = 29 + \frac{2}{26}$$
$$\frac{30}{35} \times 55 = \frac{30 \times 55}{35} = \frac{1650}{35} = 47 + \frac{5}{35}$$
$$\frac{13}{18} \times 44 = \frac{13 \times 44}{18} = \frac{572}{18} = 31 + \frac{14}{18}$$
$$\frac{17}{19} \times 15 = \frac{17 \times 15}{19} = \frac{255}{19} = 13 + \frac{8}{19}$$
$$\frac{40}{45} \times 27 = \frac{40 \times 27}{45} = \frac{1080}{45} = 24$$

53. 2ᵉ *cas.* **Règle.** Pour multiplier un *nombre entier* par une *fraction*, il faut multiplier l'entier par le numérateur et donner au produit pour dénominateur le dénominateur de la fraction.

54. Raisonnement. Le raisonnement est le même que pour le 1er cas, car le produit d'une multiplication ne change pas, quel que soit l'ordre des facteurs.

Exemple.

Soit à multiplier 5 par $\frac{2}{3}$.

Solution.

$$5 \times \frac{2}{3} = \frac{2 \times 5}{3} = \frac{10}{3}$$

41e EXERCICE.

Faire les multiplications indiquées ci-dessous et appliquer le raisonnement.

$$38 \times \frac{13}{20} = \frac{38 \times 13}{20} = \frac{494}{20} = 24 + \frac{14}{20}$$

$$34 \times \frac{27}{29} = \frac{34 \times 27}{29} = \frac{918}{29} = 31 + \frac{19}{29}$$

$$54 \times \frac{19}{26} = \frac{54 \times 19}{26} = \frac{1026}{26} = 39 + \frac{12}{26}$$

$$43 \times \frac{39}{41} = \frac{43 \times 39}{41} = \frac{1677}{41} = 40 + \frac{37}{41}$$

42^e EXERCICE.

$$19 \times \frac{60}{67} = \frac{19 \times 60}{67} = \frac{1140}{67} = 17 + \frac{1}{67}$$

$$4 \times \frac{36}{41} = \frac{4 \times 36}{41} = \frac{144}{41} = 3 + \frac{21}{41}$$

$$48 \times \frac{24}{29} = \frac{48 \times 24}{29} = \frac{1152}{29} = 39 + \frac{21}{29}$$

$$53 \times \frac{37}{42} = \frac{53 \times 37}{42} = \frac{1961}{42} = 46 + \frac{29}{42}$$

$$26 \times \frac{15}{20} = \frac{26 \times 15}{20} = \frac{390}{20} = 19 + \frac{10}{20}$$

$$9 \times \frac{18}{23} = \frac{9 \times 18}{23} = \frac{162}{23} = 7 + \frac{1}{23}$$

B.

55. 3e *cas*. RÈGLE. Pour multiplier une *fraction* par une *fraction*, il faut multiplier numérateur par numérateur et dénominateur par dénominateur.

Exemple.

Soit à multiplier $\frac{2}{5}$ par $\frac{2}{4}$.

Solution.

$$\frac{2}{5} \times \frac{2}{4} = \frac{2\times2}{5\times4} = \frac{4}{20} = \frac{2}{10} = \frac{1}{5}$$

56. RAISONNEMENT. Multiplier $\frac{2}{5}$ par $\frac{2}{4}$, c'est prendre 2 fois le quart de $\frac{2}{5}$.

$$\frac{1}{4} \text{ de } \frac{2}{5} = \frac{2}{5\times4}$$

et les $\frac{2}{4} = \frac{2\times2}{5\times4} = \frac{4}{20} = \frac{2}{10} = \frac{1}{5}$

43e EXERCICE.

Faire les multiplications ci-dessous et appliquer le raisonnement.

$$\frac{16}{21} \times \frac{44}{49} = \frac{16\times44}{21\times49} = \frac{704}{1029}$$

$$\frac{47}{52} \times \frac{9}{14} = \frac{47\times9}{52\times14} = \frac{423}{728}$$

$$\frac{49}{51} \times \frac{27}{32} = \frac{49\times27}{51\times32} = \frac{1323}{1632}$$

$$\frac{19}{24} \times \frac{51}{53} = \frac{19\times51}{24\times53} = \frac{969}{1272}$$

44e EXERCICE.

$$\frac{25}{30} \times \frac{43}{48} = \frac{25\times43}{30\times48} = \frac{1075}{1440}$$

$$\frac{15}{17} \times \frac{35}{40} = \frac{15\times35}{17\times40} = \frac{525}{680}$$

$$\frac{19}{21} \times \frac{8}{13} = \frac{19\times8}{21\times13} = \frac{152}{273}$$

$$\frac{27}{29} \times \frac{3}{5} = \frac{27\times3}{29\times5} = \frac{81}{145}$$

$$\frac{7}{12} \times \frac{45}{50} = \frac{7\times45}{12\times50} = \frac{315}{600}$$

$$\frac{1}{4} \times \frac{31}{33} = \frac{1\times31}{4\times33} = \frac{31}{132}$$

DIVISION DES FRACTIONS.

57. La division des fractions présente trois cas.

1er *cas.* Diviser une fraction par un nombre entier.

2e *cas.* Diviser un nombre entier par une fraction.

3e *cas.* Diviser une fraction par une fraction.

58. 1er *cas.* RÈGLE. Pour diviser une *fraction* par un *nombre entier,* il faut multiplier le dénominateur par le nombre entier et donner au produit pour numérateur le numérateur de la fraction.

Exemple.

Soit $\frac{4}{5}$ à diviser par 2.

Solution.

$$\frac{4}{5} : 2 = \frac{4}{5 \times 2} = \frac{4}{10} = \frac{2}{5}$$

59. RAISONNEMENT. Diviser $\frac{4}{5}$ par 2, c'est rendre la fraction $\frac{4}{5}$ deux fois plus petite.

Or, pour rendre une fraction deux fois plus petite, il suffit de multiplier son dénominateur par 2.

45ᵉ EXERCICE.

Faire les divisions indiquées ci-dessous et appliquer le raisonnement.

$$\frac{41}{46} : 5 = \frac{41}{46 \times 5} = \frac{41}{230} \qquad \frac{13}{15} : 18 = \frac{13}{15 \times 18} = \frac{13}{270}$$

$$\frac{12}{17} : 47 = \frac{12}{17 \times 47} = \frac{12}{799} \qquad \frac{2}{7} : 11 = \frac{2}{7 \times 11} = \frac{2}{77}$$

46ᵉ EXERCICE.

$$\frac{11}{13} : 3 = \frac{11}{13 \times 3} = \frac{11}{39} \qquad \frac{29}{44} : 8 = \frac{29}{44 \times 8} = \frac{29}{352}$$

$$\frac{31}{46} : 16 = \frac{31}{46 \times 16} = \frac{31}{736} \qquad \frac{10}{15} : 22 = \frac{10}{15 \times 22} = \frac{10}{330}$$

$$\frac{50}{55} : 10 = \frac{50}{55 \times 10} = \frac{50}{550} \qquad \frac{22}{27} : 45 = \frac{22}{27 \times 45} = \frac{22}{1215}$$

60. 2ᵉ cas. Règle. Pour diviser un *nombre entier* par une *fraction*, il faut multiplier le nombre entier par la fraction diviseur renversé.

Exemple.

Soit à diviser 4 par $\frac{2}{3}$.

Solution.

$$4 : \frac{2}{3} = \frac{4 \times 3}{2} = \frac{12}{2} = 6$$

61. Raisonnement. Si l'on avait 4 à diviser par 2 seulement, le quotient serait $\frac{4}{2}$.

Mais en négligeant le dénominateur 3, on a rendu le diviseur 3 fois plus grand et par suite le quotient 3 fois plus petit; donc, pour le ramener à sa juste valeur, il faut le multiplier par 3, et l'on a $\frac{4 \times 3}{2} = \frac{12}{2} = 6$.

47ᵉ EXERCICE.

Faire les divisions indiquées ci-dessous en appliquant le raisonnement.

$$2 : \frac{42}{47} = \frac{2 \times 47}{42} = \frac{94}{42} = 2 + \frac{10}{42}$$

$$19 : \frac{23}{28} = \frac{19 \times 28}{23} = \frac{532}{23} = 23 + \frac{3}{23}$$

$$12 : \frac{20}{25} = \frac{12 \times 25}{20} = \frac{300}{20} = 15$$

$$21 : \frac{32}{37} = \frac{21 \times 37}{32} = \frac{777}{32} = 24 + \frac{9}{32}$$

48ᵉ EXERCICE.

$$25 : \frac{28}{33} = \frac{25 \times 33}{28} = \frac{825}{28} = 29 + \frac{13}{28}$$

$$14 : \frac{4}{9} = \frac{14 \times 9}{4} = \frac{126}{4} = 31 + \frac{2}{4}$$

$$31 : \frac{48}{53} = \frac{31 \times 53}{48} = \frac{1643}{48} = 34 + \frac{11}{48}$$

$$6 : \frac{46}{51} = \frac{6 \times 51}{46} = \frac{306}{46} = 6 + \frac{30}{46}$$

$$13 : \frac{34}{39} = \frac{13 \times 39}{34} = \frac{507}{34} = 14 + \frac{31}{34}$$

$$20 : \frac{26}{31} = \frac{20 \times 31}{26} = \frac{620}{26} = 23 + \frac{22}{26}$$

62. 3ᵉ cas. RÈGLE. Pour diviser une *fraction* par une autre *fraction*, il faut multiplier la fraction dividende par la fraction diviseur ren-versée.

Exemple.

Soient les fractions $\frac{2}{3}$ à diviser par $\frac{4}{5}$.

Solution.

$$\frac{2}{3} : \frac{4}{5} = \frac{2 \times 5}{3 \times 4} = \frac{10}{12} = \frac{5}{6}$$

63. RAISONNEMENT. Si l'on avait $\frac{2}{3}$ à diviser par 4 seulement, le quotient serait $\frac{2}{3\times 4}$. Mais, etc. (Même raisonnement que pour le 2e cas.)

49e EXERCICE.

$$\frac{8}{15}:\frac{50}{52}=\frac{8\times52}{15\times50}=\frac{416}{750}$$

$$\frac{26}{33}:\frac{10}{17}=\frac{26\times17}{33\times10}=\frac{442}{330}=1+\frac{112}{330}$$

$$\frac{11}{18}:\frac{6}{13}=\frac{11\times13}{18\times6}=\frac{143}{108}=1+\frac{35}{108}$$

$$\frac{45}{47}:\frac{59}{66}=\frac{45\times66}{47\times59}=\frac{2970}{2773}=1+\frac{197}{2773}$$

50e EXERCICE.

$$\frac{12}{19}:\frac{7}{14}=\frac{12\times14}{19\times7}=\frac{168}{133}=1+\frac{35}{133}$$

$$\frac{9}{16}:\frac{48}{50}=\frac{9\times50}{16\times48}=\frac{450}{768}$$

$$\frac{5}{10}:\frac{6}{11}=\frac{5\times11}{10\times6}=\frac{55}{60}$$

$$\frac{29}{36}:\frac{14}{21}=\frac{29\times21}{36\times14}=\frac{609}{504}=1+\frac{105}{504}$$

$$\frac{5}{12}:\frac{37}{39}=\frac{5\times39}{12\times37}=\frac{195}{444}$$

$$\frac{24}{31}:\frac{4}{11}=\frac{24\times11}{31\times4}=\frac{264}{124}=2+\frac{16}{124}$$

NOMBRES FRACTIONNAIRES.

64. Pour additionner, soustraire, multiplier, diviser les *nombres fractionnaires*, il faut transformer ces nombres en fractions et opérer comme dans les fractions.

Exemples.

1° Soient à additionner les nombres fractionnaires $3\frac{2}{3} + 5\frac{4}{9}$.

Solution.

$$3\frac{2}{3} = \frac{11}{3} = \frac{11\times9}{3\times9} = \frac{99}{27} \qquad 99$$

$$5\frac{4}{9} = \frac{49}{9} = \frac{49\times3}{9\times3} = \frac{147}{27} \qquad 147$$

$$\text{Somme} \qquad \frac{246}{27}$$

51ᵉ EXERCICE.

$$3 + \frac{29}{34} + 7\frac{50}{55} = 10 + \frac{3295}{1870}$$

$$9 + \frac{43}{48} + 4\frac{92}{97} = 14 + \frac{3931}{4656}$$

$$5 + \frac{33}{38} + 2\frac{48}{47} = 7 + \frac{3375}{1786}$$

$$6 + \frac{31}{36} + 8\frac{19}{24} = 15 + \frac{564}{864}$$

$$1 + \frac{79}{84} + 3\frac{99}{104} = 5 + \frac{7796}{8736}$$

2° Soient à soustraire les nombres fractionnaires $2\frac{1}{2}$ de $7\frac{3}{11}$.

Solution.

$$7\frac{1}{11} = \frac{78}{11} = \frac{78\times2}{11\times2} = \frac{156}{22} \qquad 156$$

$$2\frac{1}{2} = \frac{5}{2} = \frac{5\times11}{2\times11} = \frac{55}{22} \qquad 55$$

$$\frac{101}{22} = 4 + \frac{13}{22}$$

52ᵉ EXERCICE.

$$7\frac{86}{91} - 3\frac{54}{59} = 4\frac{160}{5369}$$

$$4\frac{35}{40} - 1\frac{17}{22} = 3\frac{90}{880}$$

$$10\frac{71}{34} - 5\frac{104}{101} = 5\frac{3635}{3434}$$

$$3\frac{11}{12} - 1\frac{24}{25} = 1\frac{287}{300}$$

$$\frac{55}{60}, \frac{109}{112} - \frac{16}{21}, \frac{15}{20} = \frac{1066800}{2822400}$$

3° Multiplier $8\frac{1}{2}$ par $5\frac{2}{7}$.

Solution.

$$8\frac{1}{2} \times 5\frac{2}{7} = \frac{17}{2} \times \frac{37}{7} = \frac{17 \times 37}{2 \times 7} = \frac{629}{14}$$

53ᵉ EXERCICE.

$$7 \times 11\frac{1}{6} = 78 + \frac{1}{6}$$
$$4\frac{1}{8} \times 2\frac{5}{7} = 11 + \frac{11}{56}$$
$$3\frac{1}{4} \times 5 = 16 + \frac{1}{4}$$
$$2 \times 3\frac{1}{7} = 6 + \frac{2}{7}$$
$$3\frac{1}{8} \times 7\frac{2}{9} = 22 + \frac{31}{72}$$

4° Diviser $5\frac{8}{9}$ par $3\frac{7}{10}$.

Solution.

$$5\frac{8}{9} : 3\frac{7}{10} = \frac{53}{9} : \frac{37}{10} = \frac{53 \times 10}{9 \times 37} = \frac{530}{333}$$

54ᵉ EXERCICE.

$$6\frac{3}{7} : 8 = \frac{45}{56}$$
$$1 : 3\frac{1}{2} = \frac{2}{7}$$
$$5\frac{3}{11} : 4\frac{1}{8} = \frac{464}{363} = 1 + \frac{101}{363}$$
$$10\frac{4}{9} : 5 = \frac{94}{45}$$
$$2\frac{8}{9} : 16\frac{5}{7} = \frac{182}{1053}$$

65. Le calcul des nombres décimaux est bien préférable par sa simplicité et sa brièveté au calcul des nombres fractionnaires, comme on peut le voir en comparant les mêmes opérations effectuées sur des nombres décimaux et sur des nombres fractionnaires.

TABLEAU COMPARATIF.

Fractions ordinaires.		*Fractions décimales.*
$5+\frac{1}{4}=\frac{21}{4}=\frac{21\times2\times5}{4\times2\times5}=\frac{210}{40}$ 210		5,25
$\frac{1}{2}=\frac{1\times4\times5}{2\times4\times5}=\frac{20}{40}$ 20		0,50
$9+\frac{1}{5}=\frac{46}{5}=\frac{46\times4\times2}{5\times4\times2}=\frac{368}{40}$ 368		9,20
$\frac{598}{40}=14+\frac{38}{40}$		14,95

NOTA. Les élèves connaissant la manière d'opérer avec les fractions ordinaires et avec les fractions décimales, nous avons cru fastidieux de donner dans ce tableau un exemple sur chaque règle.

Problèmes sur les fractions et sur les nombres fractionnaires.

55ᵉ EXERCICE.

P. 1ᵉʳ. Faire la somme des fractions 4/9 et 11/45. R. 31/45 ou 279/405.

P. 2ᵉ. Réunir en une seule fraction les fractions 15/64, 7/31 et 24/156. R. 267.564/509.184.

P. 5ᵉ. Trouver la valeur des fractions 21/52, 29/31, 56/40, 31/35, 25/26 et 55/39. R. 7.265.830.000/1.408.243.200.

P. 4ᵉ. J'ai acheté 1/8 et 1/3 de mètre de drap ; combien m'en a-t-on vendu en tout ? R. 11/24.

P. 5ᵉ. On demande la longueur d'un ruban qui contient le 5/10+5/20 du mètre. R. 15/20 ou 150/200.

P. 6ᵉ. Si l'on prend 15^{m}1/4 à une certaine pièce de calicot, il reste 49^{m}4/22 de mètre ; quelle est la longueur de cette pièce ? R. 64^{m}58/88.

P. 7ᵉ. Combien y a-t-il de mètres dans des coupons de drap ayant 2^m+1/4, 1^m+2/7, 3^m+1/10 et 4^m+3/8 ? R. 11^m+24/2.240.

P. 8ᵉ. Deux pièces de drap contiennent 15^{m}3/4 et 7^{m}8/9 ; trouver leur longueur totale. R. 23^{m}23/36.

P. 9ᵉ. En ôtant un coupon de 15^{m}1/4 d'une pièce d'étoffe, il reste 23^{m}2/3 ; quelle était sa longueur ? R. 38^{m}11/12.

P. 10ᵉ. De quel nombre faut-il ôter 45^{m}1/4 pour que le reste soit de 21^{m}2/3 ? R. 66^{m}13/20.

56ᵉ EXERCICE.

P. 1ʳ. Quelle est la plus grande des fractions 12/15 et 12/16 ? R. 12/15.

P. 2ᵉ. Trouver la différence des fractions 26/28 et 53/37. R. 38/1.036.

P. 3ᵉ. Faire connaitre la valeur de 9/64 sur 31/122. R. 886/7.808.

P. 4ᵉ. Quelle est la fraction qui, étant ôtée de 7/20, donne 11/64 ? R. 228/1.280.

P. 5ᵉ. Il manque 9^{m}1/8 à une pièce d'étoffe pour qu'elle ait 35^{m}3/7 ; quelle est sa longueur ? R. 26^{m}17/56.

P. 6ᵉ. Un ouvrier a dépensé les 7/14+6/12 du produit de sa journée ; que lui reste-t-il ? R. 0.

P. 7e. Que reste-t-il d'une pièce d'étoffe de 6m1/6, de laquelle on a pris successivement 2m1/4 et 5m5/11 ? R. 0m122/264.

P. 8e. Chercher la différence de poids de deux pains de sucre pesant l'un 6 k. 1/4, l'autre 5 k. 14/105 ? R. 1 k. 49/420.

P. 9e. Trouver le poids réel d'une cruche d'huile pesant 8 k. 1/4, mais dont la *tare* est de 5/20 de kilogr. ? R. 8 kilogr.

P. 10e. Deux fontaines ont donné : la première 1.497/4 de litre, la deuxième 1.678/10 de litre ; combien la première a-t-elle donné de litres de plus que la deuxième ? R. 8.258/40.

57e EXERCICE.

P. 1er. Quels sont les 2/3 de 99 ? R. 66.

P. 2e. Prendre les 5/8 des 25/25. R. 69/200.

P. 3e. Trouver les 5/6 des 8/19 de 142,3. R. 50 ou 5.700/114.

P. 4e. On a acheté 30 mètres à 17/19 de franc le mètre ; quel est le montant de la facture ? R. 510/19 ou 26 fr. + 16/19.

P. 5e. Si un tisseur fait en une journée 21m3/4, combien en fera-t-il dans trois quarts de journée ? R. 261/16 ou 16+5/16.

P. 6e. Par quel nombre faut-il diviser 50 pour avoir les 5/8 de 40 ? R. Par 2.

P. 7e. Trouver un nombre qui soit égal au produit des 2/7 de 49 par le 1/3 de 75. R. 350.

P. 8e. Un ouvrier doit faire les 24/32 d'un certain cu-

vrage, son fils en a fait 1/4 ; combien en reste-t-il li
à faire ? R. 0.

P. 9e. De quel nombre faut-il retrancher 1/5 de 25 pour
obtenir 12 répété autant de fois qu'il y a d'unités
dans les 3/12 de 36 ? R. 113.

P. 10e. Paul a 55 kilom. à parcourir ; le premier jour
il en parcourt les 2/5, le lendemain le 1/7 ; que
lui reste-t-il à parcourir ? R. 16 kilom.

58e EXERCICE.

P. 1er. Un élève fait 2/7 de ses devoirs en 1/4 d'heure ;
combien met-il de temps pour les faire entière-
ment ? R. 7/8.

P. 2e. On a employé 21m1/4 pour faire 17 pantalons,
combien en a-t-on employé pour faire un panta-
lon ? R. 1m,+1/4.

P. 3e. Combien un ouvrier mettra-t-il de temps pour
faire 15m1/4, sachant qu'il fait 2m2/3 par heure ?
R. 5m,+25/32.

P. 4e. Chercher un nombre qui soit égal au quotient des
3/4 de 12 par 1/6 de 56. R. 1+1/2.

P. 5e. Combien faudra-t-il de temps pour faire un travail dont on fait les 5/7 en 1/4 d'heure ? R. 7/20.

P. 6e. On a fait 5m1/4 de toile avec 1 kilogr. 1/2 de lin ;
combien en fera-t-on avec 7 kilogr. ? R. 24m,1/2.

P. 7e. Quel nombre faudrait-il multiplier par 4 pour
obtenir les 2/5 de 80 ? R. 8.

P. 8e. Un voyageur parcourt 40 kilom. 1/4 par jour ; combien mettra-t-il de temps à parcourir 844 kilom.?
R. 20 156/161.

P. 9e. Un arithméticien à qui l'on demandait l'heure répondit : Il est les 3/7 des 5/11 de 3 divisé par 2/17 ; quelle était l'heure ? R. 4 h. 58 m.

P. 10e. Partager le nombre 144 en trois parties, telles que 1/4 de la première ou 1/3 de la deuxième soit égal à 5 fois la troisième partie. R. 80 ; 60 ; 4.

59e EXERCICE.

P. 1er. Quel nombre faut-il multiplier par 5 fois 7+2 pour avoir le 1/10 de 10.000 — 10×10 ? R. 22.

P. 2e. Le produit de deux fractions est 15/21, l'une de ces fractions est 5/7 ; quelle est l'autre ? R. 5/3 ou 105/63.

P. 3e. Désigner un nombre dont les 2/8 ajoutés à 9+3 donnent une somme égale aux 2/10 de 100. R. 32.

P. 4e. Quel nombre faut-il multiplier par 4 pour obtenir 3 1/3 ? R. 5/6.

P. 5e. Les 5/11 et les 2/7 d'un nombre font 114 ; quel est ce nombre ? R. 154.

P. 6e. Combien vaut le mètre de drap quand les 9/27 coûtent 8 fr. 90 c. ? R. 26 fr. 70 c.

P. 7e. Un métier fait 4 mètres en 5 heures ; combien mettra-t-il de temps pour faire 11m3/4 ? R. 14 heures 11/16 d'heure.

P. 8e. Le produit de deux expressions fractionnaires est 4 3/4, l'une de ces expressions est 3 1/3 ; quelle est l'autre ? R. 1+17/40.

P. 9e. Quand on paie les 11/44 de 740 fr, que reste-t-il à payer ? R. 555 fr.

P. 10e. Dire combien de fois 7/9 contiennent 8. R. 7/72.

RAPPORTS et PROPORTIONS.

---

66. On appelle *rapport* le résultat de la comparaison de deux quantités.

67. Il y a deux manières de comparer les nombres :

1° Par soustraction ; le résultat se nomme *différence.*

2° Par division ; le résultat se nomme *quotient.*

68. Dans tout rapport on distingue deux termes, qui sont les nombres que l'on compare ; le premier terme se nomme *antécédent,* et le deuxième *conséquent.*

DES ÉQUIDIFFÉRENCES.

69. On appelle *équidifférence* ou *proportion arithmétique* l'égalité de deux rapports par différence.

70. On écrit une équidifférence en séparant les deux rapports par deux points et les deux termes de chaque rapport par un point.

$$8 . 5 : 10 . 7$$

Cette équidifférence s'énonce :

8 est à 5 comme 10 est à 7.

71. Le premier et le troisième terme se nomment les *antécédents* de l'équidifférence ; le deuxième et le quatrième terme se nomment les *conséquents*.

72. Le premier et le dernier terme se nomment aussi *extrêmes* ; les deux termes du milieu se nomment *moyens*.

1er ant. 1er cons. 2e ant. 2e cons.

8. 5 : 10. 7

extrême. moyen. moyen. extrême.

73. Dans toute équidifférence (1), la somme des extrêmes est égale à la somme des moyens.

Soit l'équidifférence 8. 5 : 10. 7

On a $8 + 7 = 5 + 10$.

74. Il résulte de cette propriété que, s'il y a un terme inconnu dans une équidifférence, on peut le trouver : si c'est un extrême, en retranchant de la somme des moyens l'extrême connu, et, si c'est un moyen, en retranchant de la somme des extrêmes le moyen connu.

---

(1) Les équidifférences étant de fort peu d'usage en arithmétique, nous ne parlerons que de la propriété suivante.

Soit l'équidifférence 8. 5 : 10. x

On a $8+x=5+10$ d'où $x=5+10-8=7$

60e EXERCICE.

Trouver la valeur de x *dans les équidifférences sui-*
vantes.

5.	3 :	11.	x		5.	3 :	11.	9
x.	8 :	12.	4		16.	8 :	12.	4
10.	3 :	x.	9		10.	3 :	16.	9
8.	5 :	5.	x		8.	5 :	5.	2
19.	14 :	x.	3		19.	14 :	8.	3

DES PROPORTIONS.

75. On appelle *proportion* l'égalité de deux rapports par division. Les expressions *rapport, quotient, fraction*, sont synonymes.

76. Dans toute proportion, on sépare les deux termes de chaque rapport par deux points et les deux rapports par quatre points.

$$6 : 2 :: 9 : 3$$

qu'on lit : *6 est à 2 comme 9 est à 3.*

77. Comme dans les équidifférences, le premier et le troisième terme se nomment les *antécédents* de la proportion ; le deuxième et le quatrième terme s'appellent les *conséquents.*

78. Le premier et le dernier terme se nomment aussi *extrêmes;* les deux termes du milieu se nomment *moyens.*

	1er ant.	1er cons.	2e ant.	2e cons.
	18 :	6 ::	12 :	4
	extrême.	moyen.	moyen.	extrême.

61e EXERCICE.

Indiquer par écrit les extrêmes et les moyens, les anté-cédents et les conséquents, d'après l'exemple.

1er ant.	1er cons.	2e ant.	2e cons.		1er ant.	1er cons.	2e ant.	2e cons.
8 :	4 ::	12 :	6		7 :	14 ::	15 :	30
extrême.	moyen.	moyen.	extrême.		extrême.	moyen.	moyen.	extrême.

1er ant.	1er cons.	2e ant.	2e cons.		1er ant.	1er cons.	2e ant.	2e cons.
18 :	6 ::	12 :	4		2/3 :	3/4 ::	8 :	9
extrême.	moyen.	moyen.	extrême.		extrême.	moyen.	moyen.	extrême.

1er ant.	1er cons.	2e ant.	2e cons.		1er ant.	1er cons.	2e ant.	2e cons.
20 :	5 ::	4 :	1		12 :	8 ::	36 :	24
extrême.	moyen.	moyen.	extrême.		extrême.	moyen.	moyen.	extrême.

1er ant.	1er cons.	2e ant.	2e cons.		1er ant.	1er cons.	2e ant.	2e cons.
14 :	21 ::	30 :	45		9 :	1/2 ::	6 :	1/3
extrême.	moyen.	moyen.	extrême.		extrême.	moyen.	moyen.	extrême.

1er ant.	1er cons.	2e ant.	2e cons.		1er ant.	1er cons.	2e ant.	2e cons.
25 :	5 ::	15 :	3		10 :	2 ::	50 :	10
extrême.	moyen.	moyen.	extrême.		extrême.	moyen.	moyen.	extrême.

B..

62ᵉ EXERCICE.

Former des proportions avec les rapports suivants.

Rapports.	Rapports.	Proportions.
12 : 6	12 : 2	12 : 6 :: 4 : 2
36 : 12	16 : 4	36 : 12 :: 9 : 3
8 : 2	9 : 3	8 : 2 :: 16 : 4
40 : 8	4 : 2	40 : 8 :: 25 : 5
24 : 4	25 : 5	24 : 4 :: 12 : 2

79. Propriété fondamentale. Dans toute proportion, le produit des extrêmes est égal à celui des moyens.

Raisonnement. Soit la proportion $12 : 4 :: 9 : 3$

Les deux rapports de cette proportion peuvent se mettre sous forme de fraction, et l'on a :

$$\frac{12}{4} = \frac{9}{3}$$

Si l'on réduit ces deux fractions au même dénominateur en indiquant seulement les calculs, on obtient :

$$\frac{12 \times 3}{4 \times 3} = \frac{9 \times 4}{3 \times 4}$$

Lorsque deux quantités sont égales, on peut les multiplier ou les diviser par un même nombre sans altérer l'égalité. On a donc, en supprimant les dénominateurs :

$$12 \times 3 = 9 \times 4$$

c'est-à-dire le produit des moyens égal au produit des extrêmes.

Appliquer aux proportions suivantes le raisonnement ci-dessus.

$$12 : 4 :: 9 : 3 \qquad 14 : 7 :: 6 : 3$$
$$15 : 3 :: 25 : 5 \qquad 28 : 4 :: 21 : 3$$

80. *Réciproquement :* quatre nombres forment une proportion lorsque, dans l'ordre où ils sont écrits, le produit des extrêmes est égal à celui des moyens.

Soient les quatre nombres suivants : 12, 4, 9, 3.

Si l'on a $12 \times 3 = 4 \times 9$, on obtient, en divisant les deux membres de cette égalité d'abord par 3 et ensuite par 4, $\frac{12}{4} = \frac{9}{3}$, c'est-à-dire deux quotients ou rapports égaux, qui forment la proportion $12 : 4 :: 9 : 3$.

Appliquer aux proportions suivantes le raisonnement ci-dessus.

$$14 : 7 :: 8 : 4 \qquad 4 : 12 :: 3 : 9$$
$$21 : 3 :: 14 : 2 \qquad 15 : 45 :: 3 : 9$$

81. De la propriété fondamentale il résulte que, connaissant trois termes d'une proportion, on doit, pour avoir le quatrième, si c'est un extrême, diviser le produit des moyens par l'extrême connu ; si c'est un moyen, diviser le produit des extrêmes par le moyen connu.

Soit la proportion $12 : 4 :: 9 : x$.

On a, d'après la propriété fondamentale, $12 \times x = 4 \times 9$.

En divisant les deux membres de cette égalité par 12, on obtient $x = \frac{4 \times 9}{12} = 3$.

65ᵉ EXERCICE.

Trouver le terme inconnu dans les proportions suivantes.

$$9 : \ 4 :: 27 : \ x = \ 9 : \ 4 :: 27 : 12$$
$$15 : \ 5 :: 12 : \ x = 15 : \ 5 :: 12 : \ 4$$
$$x : \ 9 :: \ 3 : \ 1 = 27 : \ 9 :: \ 3 : \ 1$$
$$x : \ 4 :: 12 : 48 = \ 1 : \ 4 :: 12 : 48$$
$$7 : 1/2 :: \ x : \ 2 = \ 7 : 1/2 :: 28 : \ 2$$
$$20 : \ 4 :: \ x : \ 5 = 20 : \ 4 :: 25 : \ 5$$
$$36 : \ x :: 18 : \ 2 = 36 : \ 4 :: 18 : \ 2$$
$$40 : \ 5 :: \ x : \ 8 = 40 : \ 5 :: 64 : \ 8$$
$$9 : 12 :: \ 6 : \ x = \ 9 : 12 :: \ 6 : \ 8$$
$$10 : \ 2 :: 25 : \ x = 10 : \ 2 :: 24 : \ 5$$

82. Deuxième propriété. On peut multiplier ou diviser les deux premiers termes ou les deux derniers sans altérer la proportion.

Raisonnement. Il y a toujours proportion, car, en multipliant ou divisant, on ne fait que multiplier ou diviser le produit des extrêmes et celui des moyens par un même nombre ; or, ces deux produits, étant égaux avant l'opération, le sont encore après.

66ᵉ EXERCICE.

Faire subir aux proportions suivantes les différents changements indiqués par la propriété ci-dessus et rapporter le raisonnement. On opèrera pour la première avec le nombre 2, pour la deuxième avec le nombre 3, pour la troisième avec le nombre 5.

$$6 : 2 :: 18 : 6 = \begin{cases} 6 \times 2 : 2 \times 2 :: 18 : 6 \\ \frac{6}{2} : \frac{2}{2} :: 18 : 6 \\ 6 : 2 :: 18 \times 2 : 6 \times 2 \\ 6 : 2 :: \frac{18}{2} : \frac{6}{2} \end{cases}$$

$$15 : 3 :: 45 : 9 = \begin{cases} 15 \times 3 : 3 \times 3 :: 45 : 9 \\ \frac{15}{3} : \frac{3}{3} :: 45 : 9 \\ 15 : 3 :: 45 \times 3 : 9 \times 3 \\ 15 : 3 :: \frac{45}{3} : \frac{9}{3} \end{cases}$$

B...

$$36 : 4 :: 45 : 5 = \begin{cases} 36 \times 5 : 4 \times 5 :: 45 : 5 \\ \frac{36}{5} : \frac{4}{5} :: 45 : 5 \\ 36 : 4 :: 45 \times 5 : 5 \times 5 \\ 36 : 4 :: \frac{45}{5} : \frac{5}{5} \end{cases}$$

83. Troisième propriété. **Dans toute proportion, on peut multiplier ou diviser les deux antécédents ou les deux conséquents par un même nombre sans altérer la proportion. (Voir le raisonnement précédent.)**

67e EXERCICE.

L'élève suivra les prescriptions indiquées par l'exercice précédent.

$$16 : 4 :: 28 : 7 = \begin{cases} 16 \times 2 : 4 :: 28 \times 2 : 7 \\ \frac{16}{2} : 4 :: \frac{28}{2} : 7 \\ 16 : 4 \times 2 :: 28 : 7 \times 2 \\ 16 : \frac{4}{2} :: 28 : \frac{7}{2} \end{cases}$$

$$42 : 6 :: 28 : 4 = \begin{cases} 42 \times 3 : 6 :: 28 \times 3 : 4 \\ \frac{42}{3} : 6 :: \frac{28}{3} : 4 \\ 42 : 6 \times 3 :: 28 : 4 \times 3 \\ 42 : \frac{6}{3} :: 28 : \frac{4}{3} \end{cases}$$

$$18 : 3 :: 30 : 5 = \begin{cases} 18 \times 5 : 3 :: 30 \times 5 : 5 \\ \frac{18}{5} : 3 :: \frac{30}{5} : 5 \\ 18 : 3 \times 5 :: 30 : 5 \times 5 \\ 18 : \frac{3}{5} :: 30 : \frac{5}{5} \end{cases}$$

84. QUATRIÈME PROPRIÉTÉ. Soit la proportion :

$$12 : 4 :: 9 : 3$$

On peut, sans altérer cette proportion :

1° Changer l'ordre des extrêmes.

Exemple.

$$3 : 4 :: 9 : 12$$

2° Changer l'ordre des moyens.

Exemple.

$$12 : 9 :: 4 : 3$$

3° Mettre les extrêmes à la place des moyens.

Exemple.

$$4 : 12 :: 3 : 9$$

RAISONNEMENT. Dans tous ces changements, le produit des extrêmes 12×3 est toujours égal à celui des moyens 4×9 ; il y a donc toujours proportion.

68ᵉ EXERCICE.

Appliquer aux proportions suivantes le raisonnement ci-dessus.

$4 : 12 :: 3 : 9$	$15 : 5 :: 12 : 4$
$21 : 7 :: 9 : 3$	$27 : 9 :: 18 : 6$

85. CINQUIÈME PROPRIÉTÉ. Dans toute proportion, la somme ou la différence des deux premiers termes est au second terme comme la somme ou la différence des deux derniers termes est au quatrième.

Soit la proportion $12 : 4 :: 9 : 3$.

On aura $\qquad 12 \pm 4 : 4 :: 9 \pm 3 : 3$.

RAISONNEMENT. Il y a toujours proportion, car on ne fait qu'augmenter ou diminuer chaque rapport d'une unité.

69ᵉ EXERCICE.

Appliquer aux proportions suivantes le raisonnement ci-dessus.

$$12 : 4 :: 18 : 6 \qquad 72 : 8 :: 36 : 4$$
$$25 : 5 :: 40 : 8 \qquad 56 : 4 :: 28 : 2$$

86. SIXIÈME PROPRIÉTÉ. Dans toute proportion, la somme ou la différence des antécédents est à la somme ou à la différence des conséquents comme un antécédent quelconque est à son conséquent.

Soit la proportion $12 : 4 :: 9 : 3$.

RAISONNEMENT. On a, en changeant les moyens de place :

$$12 : 9 :: 4 : 3$$

Appliquant à cette proportion la cinquième propriété, on a :

$$12 \pm 9 : 9 :: 4 \pm 3 : 3$$

Enfin, en changeant les moyens de place, on obtient : $\quad 12 \pm 9 : 4 \pm 3 :: 9 : 3$

Appliquer aux proportions suivantes le raisonnement ci-dessus.

$$20 : 5 :: 12 : 3 \quad \| \quad 8 : 2 :: 32 : 8$$
$$3 : 12 :: 4 : 16 \quad \| \quad 15 : 3 :: 25 : 5$$

87. SEPTIÈME PROPRIÉTÉ. Quand on multiplie terme à terme plusieurs proportions, les quatre produits qui en résultent forment encore une proportion.

Soient les deux proportions :

$$6 : 3 :: 8 : 4$$
$$9 : 3 :: 12 : 4$$

RAISONNEMENT. Si l'on met ces deux proportions sous forme de fractions, on a :

$$\frac{6}{3} = \frac{8}{4} \qquad \frac{9}{3} = \frac{12}{4}$$

Multipliant les deux membres de la première égalité par les membres correspondants de la seconde, on obtient :

$$\frac{6 \times 9}{3 \times 3} = \frac{8 \times 12}{4 \times 4}$$

Enfin, donnant à cette égalité la forme de proportion, on a :

$$6 \times 9 : 3 \times 3 :: 8 \times 12 : 4 \times 4$$

71ᶜ EXERCICE.

Appliquer aux proportions suivantes le raisonnement ci-dessus.

$$\left.\begin{array}{l} 4:6::\ 8:12 \\ 15:5::12:\ 4 \end{array}\right\} = 60:30::96:48$$

$$\left.\begin{array}{l} 6:3::20:10 \\ 9:2::36:\ 8 \\ 2:1::\ 8:\ 4 \end{array}\right\} = 108:6::5.760\ 120$$

$$\left.\begin{array}{l} 20:8::10:\ 4 \\ 4:2::12:\ 6 \\ 16:4::12:\ 3 \\ 2:8::\ 8:32 \end{array}\right\} = \begin{array}{l} 2.560:512:: \\ 11.520:2.304 \end{array}$$

RÈGLE DE TROIS.

---

88. La *règle de trois* a pour but de trouver le terme inconnu d'une proportion lorsqu'on connaît les trois autres termes.

89. La règle de trois est *simple* lorsqu'elle ne renferme que trois quantités connues.

90. Elle est *composée* lorsqu'elle renferme plus de trois quantités connues.

RÈGLE DE TROIS SIMPLE.

Dans toute règle de trois simple, on appelle les deux quantités connues de la même espèce *quantités principales*. Les deux quantités de même espèce dont l'inconnue fait partie se nomment *quantités relatives*.

91. La règle de trois est *directe* lorsque les quantités principales, augmentant ou diminuant les quantités relatives, augmentent ou diminuent en proportion.

92. La règle de trois est *inverse* lorsque, les quantités principales augmentant, les quantités relatives diminuent en proportion.

93. Pour disposer convenablement les termes d'une proportion, il faut suivre la règle suivante :

La *plus grande quantité principale* est à la *plus petite quantité principale* comme la *plus grande quantité relative* est à la *plus petite quantité relative. Les deux quantités principales doivent former le premier rapport, et les deux quantités relatives le second rapport.*

Problèmes sur la règle de trois simple et directe.

Résoudre les problèmes suivants d'après l'exemple.

Exemple.

P. 3 ouvriers ont fait 24 mètres, combien 12 ouvriers en feront-ils?

Solution.

94. Les deux quantités principales, 12 ouvriers et 3 ouvriers, forment le premier rapport $12 : 3$; x est la plus grande quantité relative,

car *plus* il y a d'ouvriers, *plus* ils font de mètres. (*Rapport direct.*)

On a donc la proportion $12:3::x:24$, d'où
$x=\frac{12\times24}{3}=96$.

72ᵉ EXERCICE.

P. 1ᵉʳ. Si 18 ouvriers font par jour 270 mètres, combien faudra-t-il d'ouvriers pour faire 300 mètres?
R. 20 ouvriers.

P. 2ᵉ. Si l'on gagne 1 fr. 25 c. sur 5 kilogr. de marchandise, que gagnera-t-on sur 170 k.? R. 42 fr. 50.

P. 3ᵉ. Pour 2.050 fr. on a eu 10 pièces de vin ; combien
25 pièces du même vin coûteront-elles? R. 5.125 f.

P. 4ᵉ. On paie 25 fr. 50 c. ce qu'on vend 31 fr. 15 c. ;
que gagnera-t-on pour 100 sur la même vente ?
R. 22 fr. 60 c. pour 100.

P. 5ᵉ. 1.500 grammes de café coûtent 8 fr. 40 cent. ;
combien coûteront 5 kilogr.? R. 28 fr.

P. 6ᵉ. On perd 5 fr. pour 100 sur une marchandise ava-
riée ; que perdra-t-on sur 916 fr.? R. 45 fr. 80 c.

P. 7ᵉ. L'hectolitre de vin a coûté 25 fr. ; combien aura-
t-on de litres pour 49 fr.? R. 196 litres.

P. 8ᵉ. 17 ouvriers font 119 mètres ; combien 12 ouvriers
de la même force en feront-ils? R. 84 mètres.

P. 9ᵉ. On revend 7 fr. 50 c. ce qu'on a payé 12 fr. 50 c. ;
que perdra-t-on pour 100 fr. sur la vente ?
R. 40 fr.

P. 10ᵉ. 85 mètres ont coûté 42 fr. 50 c. ; combien 45 mètres de la même étoffe coûteront-ils? R. 22 fr. 50 c.

3ᵉ année.   c

Problèmes sur la règle de trois simple et inverse.

—

Problème. 8 ouvriers ont fait un travail en 15 jours ; combien 12 ouvriers mettront-ils de temps pour faire le même travail ?

Solution.

95. Les deux quantités principales, 12 ouvriers et 8 ouvriers, forment le premier rapport 12 : 8 ; x est la plus petite quantité relative, car *plus* il y a d'ouvriers, *moins* ils mettent de temps. (*Rapport inverse.*)

On a donc la proportion 12 : 8 :: 15 : x, d'où $x = \frac{8 \times 15}{12} = 10$.

75e EXERCICE.

P. 1er. On emploie 252 planches de 0,25 cent. de largeur pour boiser les murs d'une chambre ; combien en emploiera-t-on de 0,29 cent. de large ? R. 200 planches.

P. 2e. Dans un carrelage il entre 25 carreaux de 0,15 c. de côté ; combien en entrerait-il si ces carreaux n'avaient que 0,06 cent. de côté ? R. 37,50.

P. 3e Si 15 ouvriers ont fait un certain ouvrage en 8 jours, combien 6 ouvriers resteront-ils de temps à le faire ? R. 20 jours.

P. 4e. Une ligne droite est divisée en 15 parties égales de 0,025 ; combien les parties auront-elles si l'on divise cette même ligne en 25 parties égales ? R. 0,015.

P. 5e. Une page d'écriture contient 350 mots de 7 lettres chacun ; combien en contiendrait-elle si les mots n'avaient que 5 lettres ? R. 490 mots.

P. 6e. 14 ouvriers emploient un mois à faire un certain ouvrage ; combien faudrait-il d'ouvriers pour le même ouvrage en 55 jours ? R. 12 ouvriers.

P. 7e. 25 ouvriers ont resté 6 jours pour faire un certain ouvrage ; combien 30 ouvriers en resteront-ils ? R. 5 jours.

P. 8e. S'il faut 75 ouvriers pour faire un certain ouvrage en 20 jours, combien de jours 30 ouvriers emploieront-ils à le faire ? R. 50 jours.

P. 9e. Si 17 rouleaux de papier de 1m,25 de large suffisent pour couvrir les murs d'une chambre, combien faudra-t-il de rouleaux de 0,85 c.? R. 25 rouleaux.

P. 10e. Un épicier gagne 5 fr. 75 c. sur 11 kilogr. de bougies ; combien gagnera-t-il sur 330 kilogr. R. 172 fr 50 c.

RÈGLES DE TROIS SIMPLES DIRECTES, RÈGLES DE TROIS SIMPLES INVERSES.

74e EXERCICE.

P. 1er. Il est entré 54 carreaux dans un carrelage de 9 mètres carrés ; combien en serait-il entré si ce carrelage avait eu 36 m. carrés? R. 216 carreaux.

P. 2ᵉ. Combien faudrait-il de kilogr. de pain à 2.550 ouvriers, sachant que s'ils n'étaient que 150 il leur en faudrait 125 kilogr ? R. 2.125 kilogr.

P. 3ᵉ. En 15 jours 25 ouvriers ont fait un certain ouvrage ; combien aurait-il fallu d'ouvriers pour faire le même travail en 5 jours? R. 75 ouvriers.

P. 4ᵉ. Un courrier a parcouru 84 kilom. en 9 heures ; combien en parcourra-t-il en 24 heures en conservant la même vitesse? R. 224 kilom.

P. 5ᵉ. Il faut 105 kilolitres pour remplir 50 tonneaux ; combien en faudra-t-il pour remplir 907 tonneaux de la même capacité? R. 1.904,7.

P. 6ᵉ. Un épicier gagne 2 fr. 75 c. sur 11 kilogr. de sucre ; combien gagnera-t-il sur 150 kilogr.? R. 32 fr. 50 c.

P. 7ᵉ. En 10 heures Amédée a lu 4 volumes dont 1 de 150 feuillets et 3 de 125 feuillets ; combien mettra-t-il de temps à lire 2 volumes de 210 feuillets? R. 8 heures.

P. 8ᵉ. Une classe contient 70 élèves qui occupent chacun 0ᵐ,90 ; combien entrerait-il d'élèves si chacun n'occupait que 0ᵐ,75? R. 84 élèves.

P. 9ᵉ. On paie 12 fr. 50 c. de façon pour 3 gilets ; combien paiera-t-on pour 5 douzaines? R. 250 fr.

P. 10ᵉ. On emploie 46 dalles de 1ᵐ,20 pour un trottoir ; quelle surface devraient-elles avoir si l'on n'en voulait employer que 30 ? R. 1ᵐ,84.

RÈGLE DE TROIS COMPOSÉE.

96. On résout une règle de trois composée par plusieurs règles de trois simples successives.

Exemple.

P. 8 ouvriers travaillant 4 jours et 10 heures par jour ont fait 80 mètres d'ouvrage ; combien 12 ouvriers qui travailleront 15 jours et 12 heures par jour feraient-ils de mètres du même ouvrage ?

Solution.

97. On dispose les nombres de manière que les quantités de la même espèce soient dans la même colonne.

8 ouvriers, 4 jours, 10 heures, 80 mètres.
12   id.   15 id.   12 id. x id.

Supposons pour un instant que le temps du travail soit le même pour les deux troupes d'ouvriers ; la question est alors ramenée à la suivante :

8 ouvriers ont fait 80 mètres d'ouvrage ; combien 12 ouvriers en feront-ils dans le même temps ?

Plus il y a d'ouvriers, plus il y a de travail produit. On a donc la proportion :

$$8 : 12 :: 80 : x.$$

Considérant x comme connu, on a la deuxième question :

12 ouvriers ont fait en 4 jours un nombre de mètres
représenté par x ; combien feront-ils de mètres en travaillant 15 jours ?

Plus il y a de jours, plus les ouvriers produiront ; et, représentant par x' la nouvelle
quantité cherchée, on a la proportion :

$$4 : 15 :: x : x'.$$

Enfin on a pour troisième question :

12 ouvriers ont fait, en travaillant 10 heures par
jour, un nombre de mètres représenté par x'; combien
feront-ils de mètres en travaillant 12 heures par jour?

Plus ils travailleront d'heures, plus ils feront
de mètres ; et, représentant par x'' le nouveau
nombre de mètres cherché, on a la proportion :

$$10 : 12 :: x' : x''.$$

Multipliant terme à terme ces trois proportions, on obtient :

$$8 \times 4 \times 10 : 12 \times 15 \times 12 :: 80 \times x \times x''. x \times x' \times x''.$$

Ou en divisant les deux derniers termes par
x et x'' :

$$8 \times 4 \times 10 : 12 \times 15 \times 12 :: 80 : x''$$

d'où $x'' = \dfrac{12 \times 15 \times 12 \times 80}{8 \times 4 \times 10} = 540$ mètres.

75ᵉ EXERCICE.

P. 1ᵉʳ. 48 ouvriers ont mis 6 jours pour faire un certain
ouvrage en travaillant 8 heures par jour ; combien 52 ouvriers en mettront-ils en travaillant
9 heures par jour ? R. 8 jours.

P. 2ᵉ. 17 ouvriers ont fait en 5 jours 85 mètres d'étoffe ;
combien 9 ouvriers en feront-ils en 12 jours ?
R. 108 mètres.

P. 3ᵉ. Un maître menuisier paie 665 fr. à 133 ouvriers
qui travaillent 8 heures par jour ; combien paiera-
t-il à 16 ouvriers qui travailleront 12 heures par
jour ? R. 120 fr.

P. 4ᵉ. Une fontaine coulant pendant 9 jours 8 heures par
jour a donné 7 hectol. 2 décil. d'eau ; combien
en fournirait-elle si elle coulait pendant 6 jours
5 heures par jour ? R. 2 hectol. 9.175.

76ᵉ EXERCICE.

P. 1ᵉʳ. On a payé 400 fr. pour faire transporter 900 kil.
de marchandises à 50 kilom. ; combien paiera-t-on
pour faire transporter 75 kilogr. à 105 kilom. ?
R. 70 fr.

P. 2ᵉ. 18 ouvriers ont mis 16 jours pour creuser un
fossé de 48 mètres ; combien 15 ouvriers auraient-ils mis de jours à creuser un fossé de
50 mètres ? R. 12 jours.

P. 3ᵉ. Combien faudrait-il de jours de 7 heures à 8 hommes pour faire le même travail que 10 hommes
en 14 journées de 12 heures ? R. 30 jours.

P. 4e. Deux pompes jouant ensemble pendant **24** heures
ont fait baisser de $0^m,80$ le niveau d'un bassin ;
combien faudrait-il que **3** pompes fonctionnassent
d'heures pour le faire baisser de **3** mètres ?
R. 60 heures.

77e EXERCICE.

P. 1er. Un maître charpentier paie par mois **1.250** fr.
pour **25** ouvriers travaillant 9 heures par jour ;
que paierait-t-il pour **30** ouvriers qui ne travail-
leraient que 6 heures par jour ? R. 1.000 fr.

P. 2o. Si **11** ouvriers emploient **19** jours pour faire
882 mètres d'ouvrage, combien **21** ouvriers emploieront-ils de jours pour en faire **645** mètres ?
R. 7 j. 25 m.

P. 3e. On a employé 8 jours pour labourer un champ de
227 mètres de long sur **164** de large ; combien
aurait-il fallu de jours si ce champ avait eu
374 mètres de long et **200** mètres de large ?
R. 16 j. 6.820/9.307.

P. 4e. S'il faut **45** jours à **19** ouvriers pour faire un fossé
de **155** mètres de long sur **2** de large, combien
ces mêmes ouvriers mettraient-ils de mois pour
faire un autre fossé de **481** mètres de long sur
$1^m,50$ de large ? R. 4 mois.

MÉTHODE DE L'UNITÉ.

98. La *méthode de l'unité* a pour but de
résoudre par un raisonnement simple et facile

toutes les questions dépendantes d'une règle de trois simple ou composée.

99. Cette méthode consiste à trouver la valeur d'une unité, connaissant déjà le prix de plusieurs, pour obtenir ensuite la valeur de plusieurs autres unités de la même espèce.

Exemple.

P. On a payé 80 fr. pour 24 mètres d'étoffe; combien paiera-t-on pour 60 mètres?

Disposition des opérations.

80 fr., 24 mètres.

x fr., 60   id.

$\frac{80 \times 60}{24} = 200$ francs.

Solution.

100. On commence toujours par écrire le nombre de même nature que x, parce qu'il faut multiplier ou diviser ce nombre, qui représente l'ouvrage de plusieurs ouvriers, ou la valeur de plusieurs mètres, ou l'intérêt de plusieurs francs, etc., pour connaître d'abord l'ouvrage d'un seul ouvrier, ou la valeur d'un seul mètre, ou l'intérêt d'un seul franc.

Pour 24 mètres on a payé   80 francs.

Pour 1 mètre on paiera $\frac{80}{24}$

Et pour 60 mètres on paiera $\frac{80 \times 60}{24} = 200$ fr.

C.

101. *Preuve.* Pour faire la preuve d'une solution par la *méthode de l'unité*, on fait entrer dans cette solution le résultat trouvé, et l'on remplace par x un des nombres connus; ce nombre doit être la réponse cherchée.

78ᵉ EXERCICE.

P. 1ᵉʳ. Un ouvrier reçoit 15 pour 100 sur la vente des objets qu'il fabrique; on vend pour 9.630 fr.; on demande combien il revient à l'ouvrier. R. 1.444 fr. 50 c.

P. 2ᵉ. Un élève a 2.250 lignes à copier en 15 jours; en 4 jours il en copie 600, et demande si en continuant il pourra faire sa tâche. R. Oui, juste.

P. 3ᵉ. On donne 5 % à un ouvrier pour la marchandise qu'il fabrique; mais l'ayant gâtée, on lui retient 2 %; que lui revient-il sur 9.402 fr.? R. 28 f. 26 c.

P. 4ᵉ. Un copiste a rendu 820 exemplaires en 20 jours; combien en devra-t-il rendre en 1 an ou 365 jours? R. 14.965.

P. 5ᵉ. 11 ouvriers travaillant 5 jours ont fait 110 mètres d'ouvrage; combien 6 ouvriers travaillant 9 jours en feront-ils? R. 108 mètres.

P. 6ᵉ. Un fourneau brûle 28 hectogr. de charbon en 10 jours; combien en brûlera-t-il en 130 jours? R. 364 hectogr.

P. 7ᵉ. Avec 50 kilogr. de fil on a tissé une pièce de toile

de 170 mètres de long sur 3/4 de large ; combien en tissera-t-on à 4/5 de large avec 8 kilogr. de fil ? R. 42^m,50.

P. 8e. En 3 mois une fontaine a donné 36 hectol. ; combien en donnera-t-elle en un an en coulant avec la même abondance ? R. 144 hectol.

P. 9e. Une provision de charbon de 28 hectol. suffit à une famille pour un hiver de 4 mois ; de quelle quantité d'hectolitres devra-t-on augmenter cette provision si l'hiver dure 5 mois et 8 jours ? R. De 8 hectol. 86 décil.

P. 10e. 500 cahiers ont coûté 100 fr ; on demande le prix de la douzaine. R. 2 fr. 40 c.

79e EXERCICE.

P. 1er. On a employé 112 dalles de 0^m,69 carré pour le dallage d'une église ; combien en aurait-on employé si elles n'avaient eu que 0^m,23 carrés ? R. 336 dalles.

P. 2e. Combien 5 robinets mettraient-ils de temps à vider une cuve, sachant que cet office peut être fait en 24 heures par trois robinets ? R. 14 h. 24 m.

P. 3e. On a employé 165 mètres de drap de 0^m,75 de largeur pour une tenture ; combien en aurait-on employé s'ils avaient eu une largeur de 0^m,55 ? R. 225 mètres.

P. 4e. 10 élèves ont eu chacun 9 bons points dans un concours ; quelle eût été la part de chacun s'ils avaient été 18 admis à ce partage ? R. 5 bons p.

P. 5e. Il faut 10 tuyaux de 2^m,40 pour conduire la fumée d'un poêle à l'extérieur ; combien en faudrait-il s'ils avaient 6 mètres de long ? R. 4.

P. 6e. 225 hommes du génie on mis 18 heures à faire un travail de défense ; quel temps eût-il fallu à 81 hommes ? R. 50 heures.

P. 7e. 10 ouvriers travaillant 12 heures par jour ont mis 60 jours pour faire un certain ouvrage ; combien auraient-ils mis de jours s'ils n'avaient travaillé que 9 heures par jour ? R. 80 jours.

P. 8e. Pour faire une douzaine de chemises, on a employé 22^m,50 de calicot de 0^m,90 de large ; on demande le nombre de mètres qu'il faudrait si la largeur était de 0^m,75. R. 27 mètres.

P. 9e. Il a fallu 228 planches de 0^m,45 de large pour clore un terrain ; combien en faudra-t-il de 0^m,54 de large ? R. 190.

P. 10e. On voulait orner une promenade de 100 bancs de pierre placés à 10 mètres l'un de l'autre ; à quelle distance devraient-ils être placés si l'on employait 60 bancs de moins ? R. A 16^m,66.

80e EXERCICE.

P. 1er. Amédée gagne 12 bons points en 8 jours ; combien en gagne-t-il par mois ? R. 45 bons points.

P. 2e. Une cuve contient 16 pièces de 210 litres ; combien contiendrait-elle de pièces de 230 litres ? R. 14+14/23 de pièces de 230 litres.

P. 3e. Il faut 5 kilogr. 5 de vernis pour peindre un mur

de 10 mètres de long; on demande ce qu'il en faudrait si l'on ne voulait peindre que 7 mètres de ce mur. R. 2 kilogr. 45.

P. 4e. 25 mètres de maçonnerie ont coûté 340 fr.; combien coûteront 75m,75 ? R. 1.030 fr. 20 c.

P. 5e. Si un pain de sucre de 5 kilogr. 4 coûte 18 fr., combien coûteront 9 pains de sucre de 10 kilogr.? R. 300 fr.

P. 6e. Il faut pour la confection d'un tapis 17 mètres d'étoffe large de 0m,60; quelle serait la largeur d'une autre étoffe dont il faudrait 15 mètres? R. 0m,68.

P. 7e. Une roue fait 45 tours en 15 minutes; combien en fait-elle en 24 heures? R. 4.320.

P. 8e. Il faut 15 clercs pour copier en 9 heures un certain nombre de rôles; combien emploieront-ils de temps s'ils sont aidés par 6 de leurs amis? R. 6 h. 25 m. 42 s.

P. 9e. Un vernissage de 45 mètres carrés a coûté 17 fr. 20 c.; quel serait le prix d'un vernis de 255 mètres carrés? R. 102 fr.

P. 10e. Un élève use 12 plumes en 20 jours; combien 75 plumes lui dureront-elles de mois? R. 4 mois et 5 jours.

RÈGLES DE TROIS COMPOSÉES.

Exemple.

P. 8 ouvriers en 6 jours ont fait 80 mètres de maçonnerie; combien 12 ouvriers en 10 jours feront-ils de mètres du même ouvrage? R. 200 mètres.

Disposition des opérations.

8 ouvriers, 6 jours, 80 mètres.

12   id.   10   id. x

$$\frac{80 \times 12 \times 10}{8 \times 6} = 200 \text{ mètres.}$$

Solution.

8 ouvriers en 6 jours ont fait	80 mètres.
1 ouvrier en 6 jours ferait	$\frac{80}{8}$
12 ouvriers en 6 jours feraient	$\frac{80 \times 12}{8}$
12 ouvriers en 1 jour feraient	$\frac{80 \times 12}{8 \times 6}$
12 ouvriers en 10 jours feraient	$\frac{80 \times 12 \times 10}{8 \times 6} = 200$

81ᵉ EXERCICE.

P. 1ᵉʳ 17 hommes travaillant 8 heures par jour pendant 11 jours ont fait la moitié d'un ouvrage; combien faudrait-il d'hommes travaillant 12 jours 5 heures par jour pour l'achever? R. 25 hommes.

P. 2ᵉ. 14 hommes travaillant 15 jours ont fait les 2/5 d'un ouvrage; combien mettront-ils de temps pour l'achever? R. 22 j. 12 h.

P. 5ᵉ. Si l'on paie 853 fr. à 14 ouvriers pour 40 journées de travail, combien paierait-on à 717 ouvriers pour 29 journées? R. 1.092 fr. 14 c.

P. 4ᵉ. 17 ouvriers mettent 15 jours pour faire un certain ouvrage; combien faudrait-il d'ouvriers 3 fois plus habiles pour faire le même ouvrage en 8 jours? R. 11 ouvriers.

82ᵉ EXERCICE.

P. 1ᵉʳ. 9 métiers de 4 ouvriers ont filé 126 kilogr. de coton; combien 7 métiers de 8 ouvriers en file- raient-ils dans le même temps ? R. 196 kilogr.

P. 2ᵉ. 2.500 hommes dans un fort sont pourvus de vivres pour 7 mois; combien faudrait-il faire sortir d'hommes si l'on voulait faire durer les provi- sions pendant 10 mois sans changer la ration ? R. 750 hommmes.

P. 3ᵉ. Lorsqu'il faut 14 ouvriers pour faire en 71 jours 6.430 mètres d'ouvrage, combien faudra-t-il d'ouvriers pour en faire en 60 jours 1.869 mètres ? R. 5 ouvriers.

P. 4ᵉ. On paie 945 fr. pour faire transporter 400 kilogr. à 255 kilom. de distance; combien paiera-t-on pour faire transporter 709 kilogr. à 300 kilom.? R. 1.970 fr. 60 c.

83ᵉ EXERCICE.

P. 1ᵉʳ. En 12 jours 29 ouvriers ont fait 965 mètres d'étoffe; combien faudra-t-il de jours à 9 ouvriers pour en faire 547 mètres? R. 22 jours.

P. 2ᵉ. 4 charpentiers en 12 jours, travaillant 9 heures par jour, ont clos un jardin de 150 mètres de long sur 40 de large; combien 3 charpentiers, travaillant 7 heures par jour, auraient-ils mis de jours à faire ce travail? R. 21 jours.

P. 3ᵉ. Lorsque 30 hommes gagnent 960 fr. en 45 jours, combien 18 hommes gagneront-ils en 15 jours de moins? R. 384 fr.

P. 4ᵉ. On demande ce qu'il faudra d'ouvriers travaillant pendant 16 jours et 8 heures par jour pour faire le même travail que 50 ouvriers travaillant pendant 22 jours 11 heures par jour. R. 95 ouvriers.

84ᵉ EXERCICE.

P. 1ᵉʳ. On a payé, pour 15 ouvriers qui ont travaillé 18 jours 7 heures par jour, une somme de 5.964 fr.; combien devraient travailler d'heures par jour 21 ouvriers qui recevraient 4.506 fr. pour 5 journées de travail? R. 13 h. 36 m. 51 s.

P. 2ᵉ. On a vendu 80 mètres de satin à 15 fr. le mètre pour solder 8 ouvriers qui ont travaillé 25 jours 10 heures par jour; combien paierait-on à 11 ouvriers qui ont travaillé pendant 5 jours 9 heures par jour? R. 297 fr.

P. 3ᵉ. Pour solder 21 ouvriers qu'on a occupés pendant 53 jours 5 heures par jour, on a vendu 197 hectolitres de froment à 3 fr. 15 c. l'un; combien en faudrait-il vendre pour payer 7 ouvriers qu'on a occupés pendant 11 jours 9 heures par jour? R. 65 h. 66 2/3.

P. 4ᵉ. Deux fabriques, composées l'une de 25 ouvriers et l'autre de 14, ont fait 3.750 mètres de marchandise en 17 jours, les premiers ouvriers travaillant 9 heures par jour et les seconds 11 heures; combien 29 ouvriers feront-ils de mètres en travaillant ensemble 8 heures par jour pendant 51 jours? R. 5.112ᵐ,62.

EXERCICES PARTICULIERS
SUR LES EXPRESSIONS FRACTIONNAIRES.

—

Exemple.

P. Le mètre d'une certaine étoffe coûte 12 fr.; déterminer le prix de 5/6 de mètre. R. 10 fr.

Disposition des opérations.

$$\frac{6}{6} \ldots 12 \text{ francs.}$$
$$\frac{5}{6} \ldots x$$
$$\frac{12 \times 5}{6} = 10 \quad \text{id.}$$

Solution.

Si le mètre ou $\frac{6}{6}$ coûte 12 francs,

$\frac{1}{6}$ coûtera $\frac{12}{6}$

et $\frac{5}{6}$ coûteront $\frac{12 \times 5}{6} = 10$ fr.

85ᵉ EXERCICE.

P. 1ᵉʳ. 5 mètres 1/2 ont coûté 44 fr.; que vaut le mètre? R. 8 fr.

P. 2ᵉ. 5/9 de kilogr. ont coûté 1 fr. 25 c.; que coûteront 10 kilogr.? R. 22 fr. 50 c.

P. 3ᵉ. Un ouvrier fait les 5/7 d'un ouvrage en 10 jours; combien mettra-t-il de temps à le faire? R. 14 j.

P. 4ᵉ. 2/3 de kilogr. ont coûté 6 fr·; combien aurait-on de kilogr. pour 45 fr.? R. 5 kilogr.

P. 5ᵉ. 5 mètres d'étoffe coûtent 47 fr. 50 c.; déterminer le prix de 3/4 de mètre. R. 7 fr. 125.

P. 6e. Si 2/5 de mètre coûtent 15 fr., combien coûtera le mètre? R. 22 fr. 50 c.

P. 7e. 2/5 de kilogr. ont coûté 16 fr.; que coûteront 100 kilogr.? R. 4.000 fr.

P. 8e. En 8/9 de jour un ouvrier fait les 7/11 de son ouvrage; combien mettra-t-il de temps à le faire? R. 1+25/63.

P. 9e. On paie 489 fr. pour les 7/9 d'une cuve de vin; combien aurait-on payé si la cuve avait été pleine? R. 628 fr. 85 c.

P. 10e. Une vis a monté de 5 millimètres en 6/7 de tour; de combien montera-t-elle en un tour? R. 5+5/6.

Exemple.

P. Il faut 423 planches de 1 décimètre 2/3 de large pour clore une cour; combien en faudrait-il si elles n'avaient que 5/9 de décimètre de large? R. 1.269 planches.

Disposition des opérations.

423 pl. de 1 décim. $\frac{2}{3}$ ou $\frac{5}{3}$

x id.   id. $\frac{5}{9}$

$\frac{423 \times 5 \times 9}{3 \times 5} = 1,269$ planches.

Solution.

Les planches étant larges de :

$\frac{5}{3}$ il en faut   423

$\frac{1}{3}$ il en faudra 423×5

$\frac{3}{3}$ id. $\frac{423 \times 5}{3}$

$\frac{1}{9}$ id. $\frac{423 \times 5 \times 9}{3}$

$\frac{5}{9}$ id. $\frac{423 \times 5 \times 9}{3 \times 5} = 1.269$ pl.

86e EXERCICE.

P. 1er. Une échelle a 54 échelons de 2 décim. 3/8 de haut ; combien lui en faudrait-il de 2 décim. 4/15 ? R. 56+158/272.

P. 2e. 3/4 de mètre ont coûté 18 fr.; combien 5/6 de mètre de la même étoffe coûteront-ils ? R. 20 fr.

P. 3e. Un ouvrier a mis 24 heures pour faire les 2/7 d'un certain ouvrage ; combien mettra-t-il de temps pour en faire les 4/9 ? R. 37 h. 1/3.

P. 4e. Les 8/11 d'un nombre égalent 88 ; quelle est la 1/2 de ce nombre ? R. 32.

P. 5e. Un courrier a mis 7 jours 1/3 pour faire 2/9 de sa route ; combien mettra-t-il de temps pour en faire les 5/12 ? R. 13+3/4.

87e EXERCICE.

P. 1er. Un courrier fait 20 kilom. en 3 heures, un autre en fait 55,5 en 5 h. 1/4 ; on demande ce que l'un fait de plus que l'autre en 12 h. R. 12+4/7.

P. 2o. Un conduit remplit un réservoir en 2 h., un autre conduit le remplit en 3 h. ; on demande le temps qu'ils mettraient pour le remplir en coulant ensemble. R. 1 h. 1/5.

P. 3o. Deux voyageurs suivent la même route et dans le même sens, le premier fait 20 kilom. en 3 heures, le second en fait 25 2/5 en 3 h. 1/4 ; de combien se rapprochent ou s'éloignent-ils par heure ? R. De 1 k. 29/195.

P. 4a. Trois ouvriers font un certain ouvrage qui pour-

rait être fait par le premier en 9 jours 8 heures
par jour, par le deuxième en 12 jours 6 heures
par jour, par le troisième en 7 jours 12 heures
par jour ; on demande : 1° le temps que mettront
ces trois ouvriers travaillant ensemble pour faire
cet ouvrage ; 2° ce que chacun en fera ; 3° ce que
chacun gagnera, l'ouvrage étant estimé 89 fr.
R. 25 h. 1/5 ; le 1er en fera 7/20, le 2e 7/20 et le
3e 3/10 ; le 1er gagnera 31 fr. 15 c., le 2e 31 fr.
15 c. et le 3e 26 fr. 70 c.

RÈGLE D'INTÉRÊT.

102. La *règle d'intérêt* a pour but de trouver
le bénéfice que l'on retire d'une somme d'argent placée pendant un certain temps à un taux
convenu.

103. On peut avoir à déterminer 4 quantités dans une règle d'intérêt : 1° le *capital,*
2° l'*intérêt,* 3° le *taux,* 4° le *temps.*

104. Le *capital* est la somme prêtée.

105. L'*intérêt* est le bénéfice produit par le
capital.

106. Le *taux* est le bénéfice que 100 francs rapportent au bout d'un an.

107. Le *temps* est le nombre d'années, de mois ou de jours pendant lesquels le capital reste placé.

108. L'intérêt est simple lorsqu'il ne s'ajoute pas au capital pour porter intérêt.

109. Le taux légal entre particuliers est de 5 pour cent (5 %).

110. Le taux légal du commerce est de 6 pour cent (6 %).

111. Dans les questions d'intérêt, l'année comprend 360 jours et le mois 30 jours.

112. RÈGLE. Pour trouver l'intérêt d'une somme pour *un an,* il faut multiplier cette somme *par le taux* et diviser le produit *par* **100.**

Exemple.

P. On demande l'intérêt de 4.540 francs placés à 5 % pendant un an. R. 227 fr.

Disposition des opérations.

$$100 \ . \ . \ . \ 5$$
$$4.540 \ . \ . \ . \ x$$
$$\frac{5 \times 4540}{100} = 227 \ \text{francs.}$$

Solution.

100 fr. produisent 5 fr.

1 fr. produira $\frac{5}{100}$ ou 0,05 centimes,

et 4.540 fr. produiront $0,05 \times 4.540 = 227$ fr.

88ᵉ EXERCICE.

P. 1ᵉʳ. Quel est l'intérêt de 1.485 fr. à 5 %? R. 74 f. 25 c.

P. 2ᵉ. Combien faudra-t-il d'années à 65.000 fr. placés au 5 % pour produire 16.250 fr. d'intérêts ? R. 5 ans.

P. 3ᵉ. Une personne a fait un placement de 45.625 fr. qui lui permet de dépenser 5 fr. par jour ; quel est le taux de ce placement? R. 4.

P. 4ᵉ. Quel est le capital qui produirait 155 fr. à 5 %? R. 3.100 fr.

P. 5ᵉ. On emprunte au 3 % une somme de 7.940 fr., et on rend 8.009 fr. au prêteur ; déterminer le temps qu'on a gardé cette somme. R. 3 mois 14 jours.

P. 6ᵉ. Pendant quel temps ont été placés 32.500 fr. qui, au 4 %, ont rapporté 2.600 fr.? R. 2 ans.

P. 7ᵉ. Une personne a un capital de 10.000 fr. placé au 4 %; combien a-t-elle à dépenser par jour? R. 1 fr. 095.

P. 8ᵉ. Quelle somme faudrait-il placer à 4 % pour avoir une rente de 2.500 fr.? R. 62.500 fr.

P. 9ᵉ. Quelle rente doit produire un capital de 15.500 fr. à 4,50 %? R. 697 fr. 50 c.

P. 10ᵉ. Combien faut-il de temps pour qu'une somme de 25.967 fr. produise au 4,50 % un intérêt de 116.851,50? R. 100 ans.

113. Règle générale. Pour trouver l'intérêt d'une somme, il faut multiplier cette somme simple par le taux, puis par le temps, et diviser le résultat par 100, si le temps exprime des années ; par 1.200, s'il exprime des mois, et par 36.000, s'il exprime des jours.

Exemple.

P. Trouver l'intérêt de 480 fr. prêtés à 4 % pendant 2 ans 3 mois et 8 jours. R. 43 fr. 62 c.

Disposition des opérations.

x 480 fr. 818 jours.

4 100 fr. 360 jours.

$$\frac{4 \times 480 \times 818}{100 \times 360} = 43 \text{ fr. } 62 \text{ c.}$$

Solution.

2 ans $+$ 3 mois $+$ 8 jours $=$ 818 jours.

100 fr. produisent en 1 an ou 360 j. 4 fr.

1 fr. produira   id. $\frac{4}{100}$ ou 0,04 c.

480 fr. produiront   id. $0,04 \times 480$

Cette somme produirait en un jour $\frac{0,04 \times 480}{360}$

Et en 818 jours $\frac{0,04 \times 480 \times 818}{360} = 43$ fr. 62 c.

89ᵉ EXERCICE.

P. 1ᵉʳ. On demande l'intérêt de 8.947 fr. à 2,75 % pendant 5 ans. R. 1.230 fr. 2.125.

P. 2ᵉ Combien recevra-t-on pour les intérêts de 26 542 fr.

50 c. placés pendant 18 mois à 4 %? R. 1.580 fr. 55.

P. 3e. A quel taux faudrait-il placer 1.485 fr. pour obtenir 231 fr. 66 c. d'intérêts en 3 ans et 3 mois ? R. A 4 fr. 80 c.

P. 4e. 2.740 fr. ont produit 342 fr. 50 c. en 5 ans et 45 jours; à quel taux ont-ils été placés? R. A 2 fr. 43 c.

90e EXERCICE.

P. 1er. 3.765 fr. ont rapporté 39 fr. 5.325 d'intérêts en 3 mois 15 jours ; à quel taux avaient-ils été placés? R. 3 fr. 65 c.

P. 2e. On a laissé dans une maison de commerce pendant 4 ans 7 mois 25 jours une somme de 4.325 fr. à 6 %; on désire savoir quelle somme on pourra réclamer à cette époque. R. 5.552 fr. 40 c.

P. 3e. Une personne avait laissé pendant 3 ans chez son banquier un capital à raison de 6 % par an; à la fin de ce temps, elle retire en tout 2.344 fr. 07 c.; quelle somme avait-elle placée? R. 1.986 fr. 50 c.

P. 4e. Une personne, avant de partir pour un long voyage, place un capital de 80.000 fr., de manière à recevoir 1.600 fr. tous les 6 mois; à quel taux a-t-elle placé son argent? R. A 4 %.

91e EXERCICE.

P. 1er. A un capital que l'on ne fait pas connaître, on a ajouté ses intérêts montant à 193 fr. 81 c. pour 17 mois 14 jours au taux de 6 %; quel est ce capital? R. 2.249 f. 17.

P. 2e. Une personne a emprunté, le 4 avril 1855, une somme de 3.548 fr. 26 c.; elle promet d'avoir fini de rembourser cette somme avec ses intérêts à 5 % par an le 15 août 1 857; combien doit-elle à cette époque, sachant qu'elle paiera le 8 mars 1.854, 728 fr. 25 c., le 4 août 1 854, 40 fr 39 c., le 15 juillet 1.855, 545 fr. 50 c , et le 3 octobre 1.856, 1.147 fr. 49 c.? R. 1.683 fr. 56 c.

INTÉRÊTS COMPOSÉS.

114. L'intérêt est composé lorsque, à la fin de l'année ou du mois, il s'ajoute au capital pour dès lors porter intérêt.

Exemple.

P. On demande les intérêts composés de 2.400 fr. placés pendant 3 ans à 5 % par an. R. 132 fr. 30 c.

Solution.

Le premier capital, 2.400 fr., produit la première année. . . . . . $\frac{5\times2400}{100}$=120 fr.

Le deuxième capital, 2.400+120=2.520 fr., produit la 2e année. . . $\frac{5\times2520}{100}$=126 fr.

Le troisième capital, 2.520+126=2.646 fr., produit la 3e année . $\frac{5\times2646}{100}$=132 fr. 30 c.

L'intérêt composé de 2.400 fr. pour 3 ans est donc . . . . 132 fr. 30 c.

c..

115. Règle. Pour trouver l'intérêt composé d'une somme, on calcule d'abord l'intérêt simple du capital donné pour la première année; puis on ajoute cet intérêt au capital, on obtient un second capital sur lequel on opère comme sur le premier, et l'on continue de la même manière jusqu'à ce que le nombre d'années soit épuisé.

92ᵉ EXERCICE.

P. 1ᵉʳ. On a laissé dans une maison de commerce 1.400 fr. pendant 2 ans; quelle somme recevra-t-on au bout de ce temps, capital et intérêts composés ? R. 1.543 fr. 50 c.

P. 2ᵉ. On a placé 4.800 fr. chez un banquier à 5 %; quels seront les intérêts composés de cette somme au bout de 3 ans ? R. 756 fr. 60 c.

Cette méthode exige des calculs très-laborieux. Voici une table qui fera connaître les valeurs progressives que prend 1 franc placé à intérêts composés depuis une jusqu'à vingt années.

TABLE

INDIQUANT LA VALEUR ACQUISE A LA FIN DE CHAQUE
ANNÉE PAR 1 FR. PLACÉ A INTÉRÊTS COMPOSÉS.

ANNÉES.	TAUX.				
	3 %	3 1/2	4 %	4 1/2	5 %
	f.	f.	f.	f.	f.
1	1,030	1,035	1,04	1,045	1,05
2	1,061	1,071	1,081	1,092	1,102
3	1,093	1,109	1,124	1,141	1,157
4	1,126	1,148	1,169	1,192	1,215
5	1,159	1,188	1,216	1,246	1,276
6	1,194	1.229	1,265	1,302	1,340
7	1,230	1,272	1,315	1,360	1,407
8	1,267	1,317	1,368	1,422	1,477
9	1,305	1,363	1,423	1,486	1,551
10	1,344	1,411	1,480	1,552	1,628
11	1,384	1,460	1,539	1,622	1,710
12	1,426	1,511	1,601	1,695	1,795
13	1,469	1,564	1,665	1,772	1,885
14	1,513	1,629	1,731	1,851	1,979
15	1,558	1,675	1,800	1,935	2,078
16	1,605	1,734	1,872	2,022	2,182
17	1,657	1,795	1,947	2,113	2,292
18	1,702	1,857	2,025	2,208	2,406
19	1,754	1,923	2,106	2,307	2,526
20	1,806	1,990	2,191	2,411	2,653

OBSERVATION. On tire de l'inspection de cette

table cette conséquence très-remarquable, savoir, que le capital 1 franc, et par conséquent tout autre capital, sera plus que doublé au bout de 18 ans s'il est placé à 4 $\%$, au bout de 16 s'il l'est à 4 1/2, et au bout de 15 si le taux de l'intérêt est 5 $\%$. Ainsi, après 32 ans, un capital placé à 4 1/2 $\%$ deviendra 4 fois plus grand, 8 fois plus grand au bout de $32+16=$ 48 ans, 16 fois plus grand au bout de $48+16$ $=64$ ans, etc. En continuant ainsi de suite, on trouvera que ce même capital 1 franc serait devenu 524.288 fr. après 304 ans ; de sorte que *dix francs placés pendant 304 ans à 4 1/2 $\%$ vaudraient plus de cinq millions.* Voilà un exemple de l'accroissement prodigieux qu'éprouve une somme d'argent placée à intérêts composés.

116. RÈGLE. Pour calculer ce que vaudra un capital quelconque au bout d'un certain nombre d'années, moindre que 21, il n'y aura qu'à multiplier par ce capital la valeur correspondante de 1 fr. donnée par la table.

95ᵉ EXERCICE.

P. 1ᵉʳ. Combien 1.800 fr. placés à 5 $\%$ par an, et à intérêts composés, vaudront-ils au bout de 9 ans ? R. 2.792 fr. 39 c.

P. 2°. Un ouvrier a placé 150 fr. à la caisse d'épargne le 1er janvier 1844, et se voit obligé de retirer ses fonds le 1er juillet 1854 ; combien lui reviendra-t-il, sachant que la caisse d'épargne paie 4 % ? R. 226 fr.? 477.

P. 3e. Quel capital faudrait-il placer à 4 %, et à intérêts composés, pour avoir au bout de 16 ans une somme de 2.000 fr.? R. 1.067 fr. 81 c.

P. 4e. Un père place 100 fr. par an à la caisse d'épargne pour son enfant ; quelle somme retirera-t-il quand cet enfant aura 20 ans? R. 3.096 fr. 92 c.

P. 5e. On a remboursé 602 fr. 50 c. à un notaire qui avait prêté 500 fr. à 5 %, intérêts composés ; on demande pendant combien de temps le capital a été placé. R. 3 ans 9 mois 24 jours.

RÈGLE D'ESCOMPTE.

117. La *règle d'escompte* a pour but de chercher la diminution ou remise que doit subir la valeur d'un billet quand on veut le payer avant son échéance.

118. L'escompte en dehors ou commercial est le seul usité en France. Il n'est autre chose

c...

que l'intérêt simple de la somme énoncée sur le billet.

119. Le taux ordinaire de l'escompte est de 6 % par an.

120. Règle. On calcule l'escompte d'une somme comme on calcule ses intérêts, et l'on retranche le résultat du capital quand on veut connaître à combien ce dernier se réduit.

Exemple.

P. On demande la valeur actuelle d'un billet de 860 fr. payable dans 10 mois, l'escompte étant à 6 % par an. R. 817 fr.

Disposition des opérations.

$$100 \ldots 6 \ldots 360$$
$$860 \ldots x \ldots 300$$

$$\frac{6 \times 860 \times 300}{100 \times 360} = 43 \text{ fr.}$$

$$860 - 43 = 817 \text{ fr.}$$

Solution.

L'escompte de 100 fr. pour
12 mois est de . . . . 6 fr.
Celui de 1 fr. est de . . . $\frac{6}{100}$ ou 0,06 c.
Et celui de 860 fr. sera de . $0,06 \times 860$.
Cet escompte devient pour
1 mois de . . . . . . $\frac{0,06 \times 860}{12}$.

Et pour 10 mois de . . $\frac{0.06 \times 860 \times 10}{12} = 43$

Le billet vaut donc actuell^t. 800—43=817 f. (1).

94e EXERCICE.

P. 1er. Quel escompte doit-on retenir au 4 % sur un billet de 1.200 fr. payable dans un an? R. 48 fr.

P. 2e. On demande l'escompte d'un billet de 850 fr. 60 c. à 5 %. R. 25 fr. 52 c.

P. 3e. Que remettra-t-on à une personne qui présente un billet de 4.321 francs à escompter à 5 %? R. 4.104 fr. 95 c.

P. 4e. Trouver l'escompte à 6 % d'un billet de 186 fr. R. 11 fr. 16 c.

P. 5e. On demande le montant d'une facture qui a subi un escompte de 162 fr. à 3 %. R. 5.400 fr.

P. 6e. Un billet a subi 64 fr. d'escompte au taux de 5 %; de combien était-il? R. De 1.280 fr.

P. 7e. On a eu 621 fr. 40 c. d'escompte à 5 % sur un compte de 9.560 fr.; on demande à quel taux ce billet a été escompté. R. A 6,5 %, taux illégal.

P. 8e. On demande la valeur d'un billet qui, à 4 %, a subi 60 fr. d'escompte. R. 1.500 fr.

P. 9e. A combien se réduit une somme de 2.312 fr. que l'on escompte à 6 %? R. 2.173 fr. 28 c.

P. 10e. On a payé 1.600 fr. d'escompte à 5 % pour différents billets; on demande le montant de ces billets. R. 32.000 fr.

(1) Cette méthode est la seule en usage, bien qu'elle ne soit pas conforme aux lois de l'équité, car elle prélève l'intérêt capital et l'intérêt des intérêts.

95ᵉ EXERCICE.

P. 1ᵉʳ. On demande la valeur actuelle d'un facture de 9.645 fr. payable dans 18 mois, escomptée au 5 %. R. 8.921 fr. 625.

P. 2ᵉ. Un billet de 8.760 fr., payable dans 2 ans et 4 mois, a subi un escompte de 1.124 fr. 20 c.; on demande à quel taux il a été accepté. R. A 5 f. 50 c.

P. 3ᵉ. On demande le montant d'un billet payable dans 3 mois et 25 jours, sachant qu'escompté à 5 %, il s'est réduit à 9 840 fr. 28 c. R. 10.000 fr.

P. 4ᵉ. On demande à quel terme était payable une somme de 4.080 fr. qui, escomptée à 4 %, s'est réduite à 3.753 fr. 60 c. R. A 2 ans.

96ᵉ EXERCICE.

P. 1ᵉʳ. Trouver l'échéance d'un paiement de 978 fr. qui, escompté à 5,5 %, s'est réduit à 907 fr. R. 15 mois 25 jours.

P. 2ᵉ. On a payé 7.196 fr. pour un billet payable dans 4 ans 8 mois 11 jours, escompté à 6 %; quel était le montant de ce billet? R. 10.019 fr. 95 c.

P. 3ᵉ. Un billet de 6.791 fr., payable dans 2 ans 6 mois, s'est réduit à 6.281,665; on demande le taux de l'escompte. R. 3 %.

P. 4ᵉ. Quelle est la valeur réelle d'un billet de 8.779 fr. escompté au 4 %, payable dans 5 ans 18 jours? R. 7.005 fr. 65 c.

97ᵉ EXERCICE.

P. 1ᵉʳ. Trouver la valeur réelle d'un billet de 18.645 fr. payable dans 11 ans 2 mois. R. 6.182 fr. 85 c.

P. 2°. A quel taux un billet de 9.786 fr., payable dans 10 ans 11 mois, a-t-il été escompté, sachant qu'il s'est réduit à 4.781 fr.? R. A 4,68.

P. 3°. Un billet payable dans 7 ans 15 jours, escompté à 4,5 %, ne vaut plus que 1.997 fr.; on demande le montant de ce billet. R. 2.923 fr. 30 c.

P. 4°. Quelle était l'échéance d'un billet de 597 fr., sachant qu'escompté à 3 %, il s'est réduit à 561 fr. 18 c.? R. 2 ans.

CHANGE, RENTE, COMMISSION, ASSURANCE, AVARIE, VOITURE.

121. Les règles dites *de change*, *de rente*, *de commission*, *d'assurance*, *d'avarie*, *de voiture*, etc., ne sont autre chose que des règles d'intérêts ou d'escompte et se calculent de même.

Exemple.

P. Un négociant demande à un banquier un billet de 3.000 fr. payable à Paris; combien donnera-t-il au banquier qui prend 50 cent. % pour le *change?* R. 3.015 fr.

Disposition des opérations.

$$100 \ldots 0,50$$
$$3.000 \ldots x$$
$$\frac{0 50 \times 3 000}{100} = 15 \text{ fr.}$$
$$3.000 + 15 = 3.015 \text{ fr.}$$

Solution.

Pour 100 fr. on paie . **0,50 cent.**

Pour 1 fr. . . . . $\frac{050}{100}$

Et pour 3.000 . . . $\frac{050 \times 3000}{100} = 15$ fr.

Le négociant doit payer. $3.000 + 15 = 3.015$ f.

98ᵉ EXERCICE.

P. 1ᵉʳ. Un courtier a acheté pour 13.080 fr. de marchandise; s'il a 1 °/₀ de *commission*, à combien se monte son bénéfice? R. A 150 fr. 80 c.

P. 2ᵉ. Le cours de 5 °/₀ étant 92 fr. 50 c., combien aura-t-on de rentes pour 74.000 fr.? R. 4.000 fr.

P. 3ᵉ. Un négociant de Marseille fait charger un navire pour 170.000 fr. de marchandise et le fait assurer à raison de 7 fr. 50 c.; que revient-il à l'assureur? R. 12.750 fr.

P. 4ᵉ. Un épicier reçoit 6 caisses de sucre pesant chacune 155 kilogr.; combien doit-il payer pour *voiture* à raison de 7 fr. pour 100 kilogr.? R. 65 fr. 10 c.

P. 5ᵉ. Un négociant a placé à *grosse avarie* une valeur de 85.000 fr. sur le pied de 22 fr. 05 c. °/₀; combien gagne-t-il si le vaisseau arrive à bon port? R. 18.742 fr. 50 c.

RÈGLE DE SOCIÉTÉ.

122. La *règle de société* a pour but de partager entre plusieurs associés le bénéfice ou la perte résultant de leur association.

RÈGLE DE SOCIÉTÉ SIMPLE.

123. La règle de société est simple quand le partage ne dépend que de l'inégalité des mises.

124. Règle. Il faut faire la somme des mises et diviser par cette somme le bénéfice ou la perte commune. On obtient le bénéfice ou la perte d'un franc, puis on multiplie successivement ce dernier résultat par chaque mise pour connaître le gain ou la perte de chaque associé.

125. *Preuve.* La preuve se fait en additionnant les bénéfices particuliers; on doit trouver le bénéfice total.

Exemple.

P. Trois personnes se sont réunies pour la même entreprise; la première a versé 1.200 fr., la seconde 1.540 fr. et la troisième 800 fr,; le bénéfice commun est de 1.820 fr; que revient-il à chacune?

R. A la 1re, 616,949; à la 2e, 791,751 ; à la 3e, ?
411,299. Total : 1.819 fr. 999 mill. de centime.

Solution.

$$1.200 + 1.500 + 800 \text{ ou}$$

3.540 fr. ont produit 1.820 fr.

1 fr. a produit $\frac{1820}{3540}$

1.200 fr. produiront $\frac{1820}{3540} \times 1.200 = 616,949$

1.540 fr. produiront $\frac{1820}{3540} \times 1.540 = 791,751$

800 fr. produiront $\frac{1820}{3650} \times 800 = 411,299$

Preuve 1819,999

99e EXERCICE.

P. 1er. Deux marchands associés ont fourni, le premier
117 fr., le second 9.000 fr.; à la fin de l'année, ils
ont un bénéfice de 2.034 fr.; quelle est la part de
chacun? R. Le 1er, 26 fr. 10 c.; le 2e, 2.007 fr. 90 c.

P. 2e. L'inventaire d'une maison de commerce fait connaître un bénéfice de 84.000 fr.; quelle est la
part de chaque associé, sachant que le 1er a versé
70.000 fr., le deuxième 150.000 fr. et le troisième
105.000 fr.? R. Le 1er, 18.092 fr. 30 c.; le 2e,
38.769 fr. 23 c.; le 3e, 27.138 fr. 46 c.

P. 3e. Trois personnes s'étant associées ont fait un bénéfice de 302 fr.; répartir cette somme entre
elles, sachant que la première a mis 36.288 fr.,
la deuxième 9.072 fr. et la troisième 6.048 fr.
R. La 1re 243 f. 18 c., la 2e 55 f. 29 c., la 3e 55 f. 53 c.

P. 4e. Deux associés ont, avec 80.000 fr., gagné 12 500 f.;

on demande la mise et le bénéfice de chacun, sachant que le premier a reçu pour gain et mise 55.400 fr. R. Mise du 1er, 47.913 fr. 514 ; du 2e, 52.086 fr. 486. Part du 1er, 7.486 fr. 486 ; du 2e, 5,013 fr. 514 m.

100e EXERCICE.

P. 1er. Cinq ouvriers ont travaillé à un même ouvrage ; le premier y a travaillé 9 jours, le deuxième 7, le troisième 11, le quatrième 12, et le cinquième autant de jours que tous les autres ensemble ; combien revient-il à chacun, sachant qu'ils ont reçu 324 fr. 24 c. ? R. Au 1er 37 fr. 41 c., au 2e 29 fr. 10 c., au 3e 45 fr. 75 c., au 4e 49 fr. 88 c. et au 5e 162 fr. 12 c.

P. 2e. On doit répartir une contribution de 6.400 fr. entre 3 communes ; quelle sera la part de chacune d'elles, sachant que la 1re renferme 1.200 habitants, la 2e 800 et la 3e 960 ? R. Part de la 1re, 2.594 fr. 594 ; de la 2e, 1.729 fr. 729 ; de la 3e, 2.075 fr. 675.

P. 3e. Six héritiers reçoivent, l'un 1.512 fr. 50 c., le deuxième 3.025 fr., le troisième 630 fr., le quatrième 12.100 fr., le cinquième 24.200 fr., le sixième 48.400 fr., à la condition de payer 9.528 fr. 75 c. de dettes ; combien chacun doit-il donner proportionnellement ? R. Le 1er 160 fr. 57 c., le 2e 320 fr. 74 c., le 3e 66 fr. 92 c., le 4e 1.282 fr. 96 c., le 5e 2.565 fr. 92 c. et le 6e 5.131 fr. 84 c.

3e annéc.   D

P. 4ᵉ. Une personne en mourant laisse une somme de 4.800 fr. à répartir entre 5 héritiers proportionnellement à leur âge ; le premier a 36 ans, le deuxième 28 et le troisième 24 ; trouver la part de chacun. R. Part du 1ᵉʳ, 1.963 fr. 63 c.; du 2ᵉ, 1.527 fr. 27 c.; du 3ᵉ, 1.309 fr. 09 c.

101ᵉ EXERCICE.

P. 1ᵉʳ. Partager 2.616 en trois parties proportionnelles à 6, 8 et 10. R. 654; 872; 1.090 (1).

P. 2ᵉ. Trois ouvriers se sont associés pour un travail qui leur a rapporté 240 fr.; le premier a travaillé 8 jours, le deuxième 12, et le troisième 10; faire le partage. R. Le 1ᵉʳ a 64 fr.; le 2ᵉ, 96 ; le 3ᵉ, 80.

P. 3ᵉ. Deux personnes ont mis, l'une 162 fr., l'autre 912 fr., dans une entreprise qui a produit 9.360 f.; combien revient-il à chacune ? R. A la 1ʳᵉ, 1.411 fr. 85 c.; à la 2ᵉ, 7.948 fr. 15 c.

P. 4ᵉ. Quatre personnes ont acheté une propriété : la première a versé 12.000 fr., la deuxième 15.000 f., la troisième 20.000 fr. et la quatrième 9.000 fr.; elles ont gagné en la revendant 18.000 fr.; quel bénéfice revient-il à chacune ? R. Le bénéfice de la 1ʳᵉ est de 3.857 fr. 142; de la 2ᵉ, 4.821 fr. 428 ; de la 3ᵉ, 6.428 fr. 571 ; de la 4ᵉ, 2.892 fr. 857.

---

(1) On fait quelquefois pour ce genre de problèmes un chapitre particulier intitulé : *Règle de répartitions proportionnelles.*

RÈGLE DE SOCIÉTÉ COMPOSÉE.

126. La règle de société est *composée* lorsque à l'inégalité des mises s'ajoute l'inégalité des temps ou d'autres circonstances.

127. Règle. Il faut multiplier les mises par les temps correspondants, et opérer comme dans les règles de société simples.

Exemple.

P. Trois personnes se sont associées pour un commerce ; la première a mis 12.000 fr. pendant 8 mois , la deuxième 15.000 fr. pendant 12 mois, et la troisième 9.500 fr. pendant 10 mois; le bénéfice montant à 18.000 fr., on demande ce qu'il revient à chaque associé. R. A la 1ʳᵉ, 1.409 fr. 462 ; à la 2ᶜ, 2.642 fr. 740 ; à la 3ᵉ, 13.947 fr. 798.

Solution.

12.000 fr. pendant 8 mois,

15.000 fr. pendant 12 mois,

95.000 fr. pendant 10 m., produisent autant que

8 fois 12.000 fr. ou 96.000 fr.,

12 fois 15.000 fr. ou 180.000 fr.,

10 fois 95.000 fr. ou 950.000 f. pendant un mois.

La question est donc ramenée à celle-ci :

Trois personnes se sont associées : la première a mis 96.000 fr., la deuxième 180.000 fr., la troisième

.950.000 fr.; elles ont gagné 18.000 fr.; que revient-il à chacune?

$$96.000 + 180.000 + 95.000 \text{ ou}$$

1.226.000 f. ont prod. 18.000 fr.

1 fr. a produit . . . $\frac{18000}{1226000}$

950.000 f. produiront $\frac{18000 \times 950000}{1226000} = 13.947,798$

96.000 fr. produiront $\frac{18000 \times 96000}{1226000} = 1.409,462$

180.000 f. produiront $\frac{18000 \times 180000}{1226000} = 2.642,740$

$$\text{Preuve} \quad 18.000,000$$

102ᵉ EXERCICE.

P. Deux marchands de vin ont loué une cave; le premier y a laissé 60 pièces pendant 9 mois, et le deuxième 80 pièces pendant 6 mois; quelle part chacun doit-il payer du loyer, qui est de 140 fr.? R. Le 1ᵉʳ doit payer 74 fr. 117, et le 2ᵉ 65 fr. 883.

103ᵉ EXERCICE.

P. Trois particuliers se sont réunis pour faire un travail; le premier a versé 348 fr. et fourni 6 ouvriers; le deuxième a versé 500 fr. et fourni 8 ouvriers; le troisième a versé 800 fr. et fourni 11 ouvriers; ils ont gagné 9,200 fr.; combien revient-il à chacun? R. Au 1ᵉʳ, 1.290 fr. 28 c.; au 2ᵉ, 2.471 fr. 78 c., et au 3ᵉ, 5.437 fr. 94 c.

104ᵉ EXERCICE.

P. Le chef d'une manufacture se retirant des affaires laisse à ses ouvriers, à titre de gratification, une somme de 1.500 fr., qu'ils devront se partager d'après leurs gains journaliers ; que revient-il à chaque ouvrier, sachant que 5 travaillent à 8 fr. par jour, 10 à 6 fr., 15 à 4 fr. et 20 à 3 fr.? R. Il revient 54 fr. 545 à chacun de ceux à 8 fr. ; 40 fr. 909 à chacun de ceux à 6 fr.; 27 fr. 272 à chacun de ceux à 4 fr.; 20 fr. 454 à chacun de ceux à 3 fr.

105ᵉ EXERCICE.

P. Trois marchands de bœufs ont loué un pré ; le premier y a laissé 18 bœufs pendant 21 jours ; le second y a mis 26 bœufs pendant 14 jours, et le troisième y a mis 30 bœufs pendant 10 jours 5 heures ; le loyer étant de 680 fr., combien chacun doit-il payer? R. Le 1ᵉʳ, 245 fr. 18 c.; le 2ᵉ, 254 fr. 16 c.; le 3ᵉ, 202 fr. 64 c.

106ᵉ EXERCICE.

P. Trois associés ont perdu, dans une spéculation, une somme de 32.000 fr.; le premier avait fourni 40.000 fr. pendant 4 mois ; le deuxième 84.000 fr. pendant 5 mois, et le troisième 56.000 fr. pendant 6 mois ; combien chacun a-t-il perdu? R. Le 1ᵉʳ a perdu 5.589 fr. 519 ; le 2ᵉ, 14.672 fr. 488 ; le 3ᵉ, 11.757 fr. 991.

107ᵉ EXERCICE.

P. Quatre personnes se sont associées ; la première a mis
1.000 fr., qu'elle a laissés 6 mois dans la société;
la deuxième a mis une somme inconnue qu'elle a
laissée 5 mois, son bénéfice a été de 600 fr.; la
troisième a mis 800 fr., qui sont restés 8 mois
dans la société et qui lui ont rapporté 400 fr.; la
quatrième a mis 1.120 fr., qu'elle a laissés un
certain temps, son bénéfice a été de 500 fr.; on
demande : 1º le gain de la première ; 2º la mise
de la seconde ; 3º combien de temps la mise de la
quatrième est restée dans la société. R. La 1ʳᵉ a
gagné 575 fr.; la 2ᵉ a mis 1.920 fr.; la 4ᵉ a laissé
son argent pendant 7 mois 4 jours.

RÈGLE DES MOYENNES.

128. La *règle des moyennes* a pour but de
trouver un résultat tenant le milieu entre plusieurs résultats connus et un peu différents les
uns des autres.

129. Règle. Pour trouver la valeur moyenne
de plusieurs quantités connues, il faut ajouter

es quantités et diviser leur somme par leur
nombre; le résultat est la valeur moyenne.

Exemple.

°. On a mesuré 3 fois la distance d'un point à un autre,
et l'on a trouvé successivement les longueurs
suivantes : 849 mètres, 846 mètres, 850 mètres;
quelle est la moyenne de ces longueurs? R.848^m,33.

Solution.

Si l'on ajoute les 3 distances mesurées, et si
l'on prend le tiers du résultat, les erreurs se
compensent, et on obtient à peu près exactement
la distance demandée.

$$849+846+850=2.545.$$
$$2.545 : 3 = 848^m,33.$$

108e EXERCICE.

°. 1er. Les présences d'une école sont de 118 pour le 10
du mois, de 115 pour le 20 et de 112 pour le 30 ;
quelle est la moyenne de ces présences? R. 115.

°. 2e. Un ouvrier a gagné 20 fr. pendant la 1re semaine
d'un mois, 24 fr. pendant la 2e, 18 fr. pendant la
3e et 28 fr. pendant la 4e; quelle est la valeur
moyenne d'une journée de travail? R. 3 fr. 75 c.

°. 3e. Il y a eu dans un canton 8 naissances et 6 décès
pendant la 1re semaine du mois d'octobre, 12 naissances et 7 décès pendant la 2e, 20 naissances et
10 décès pendant la 3e, et 16 naissances et 12

décès pendant la 4ᵉ ; quelle est la moyenne des naissances et des mortalités pour une semaine ? R. La moyenne des naissances est de 8, celle des décès de 5.

P. 4ᵉ. On a pesé trois fois le même objet; la première fois on a trouvé 45 kilogr., la deuxième 45 k. 5, la troisième 44 k. 9; quelle est la moyenne ? R. 45 kilogr. 13.

P. 5ᵉ. La circonférence d'un arbre est à sa base de 1ᵐ,50, au milieu 1 mètre, au sommet 0ᵐ,70; trouver sa grosseur moyenne. R. 1ᵐ,06.

RÈGLE D'ALLIAGE.

130. La *règle d'alliage* ou *de mélange* présente *deux cas*.

131. Le 1ᵉʳ *cas* a pour but de trouver le prix moyen de plusieurs matières mélangées quand on connait le nombre et le prix de chacune de ces matières.

132. Règle. Il faut multiplier les nombres de chaque espèce par le prix de l'unité et diviser la somme des produits par la somme des

nombres qui forment le mélange ou l'alliage ; le résultat est le prix du mélange.

Exemple.

P. Un marchand de vin a mélangé 150 litres de vin à 0,40 c., 215 litres à 0,55 c. et 135 litres à 0,60 c.; à combien revient le litre de mélange ? R. 0,5185.

Solution.

150 litres à 0,40 = 60 fr.
215   id.   0,55 = 118,25
135   id.   0,60 = 81

500 litres valent   259,25

1 litre vaut $\frac{259.25}{500}$ = 0 fr. 5185.

109ᵉ EXERCICE.

P. 1ᵉʳ. Un marchand a mêlé 3 décalitres de vin à 0,75 le le litre et 2 hectolitres à 0,80 le litre ; quel est le prix du mélange ? R. 0,79.

P. 2ᵉ. On mélange 150 litres de 0,60 avec 210 litres à 0,75 ; combien faudra-t-il vendre le décalitre du mélange pour gagner 25 francs sur la totalité ? R. 0,68.

P. 3ᵉ. On mélange 512 litres de vin à 0,55 et 255 litres à 0,40 ; on désire connaître le prix du litre de ce mélange. R. 0,50.

P. 4ᵉ. Quel sera le prix d'un certain mélange où il entre 151 litres à 0,75 et 200 litres à 0,95 ? R. 0,86.

P. 5ᵉ. Un revendeur mêle 1.500 châtaignes à 0,40 le cent

D.

et 950 à 0,50 le cent ; on demande ce qu'il devra vendre *le cent* du mélange pour gagner 7 fr. 50 c. R. 0,74.

133. 2e cas. Le deuxième cas a pour but de trouver dans quel rapport on doit mélanger plusieurs choses dont on connait les prix particuliers pour en faire un mélange d'un prix donné.

Exemple.

P. Un marchand de vin a deux qualités de *Beaujolais* ; la première vaut 0,40 le litre, et la deuxième 0,49 ; il désire en mélanger 100 litres, de manière qu'il puisse, sans perdre ni gagner, les vendre 0,45 chaque ; on demande combien il doit prendre de litres de chaque qualité. R. De la 1re, 44 l. 44 ; de la 2e, 55 l. 56.

Solution.

En mélangeant 1 l. de la 1re q., on gagne 0,05.
En mélangeant 1 l. de la 2e q., on perd 0,04.

Le produit de ces deux nombres, 4 et 5, indique que les différences de prix se compensent en mélangeant 4 litres de la première qualité et 5 litres de la dernière.

En effet, $0,05 \times 4 = 0,20$ de gain,
et $0,04 \times 5 = 0,20$ de perte.

La question est donc ramenée à celle-ci :

Sur 9 litres de mélange, il y a 4 litres d'une première qualité ; combien y en a-t-il sur 100 litres ?

Puisque sur 9 litres il y en a 4 de la 1re qualité,

sur 1 litre il y en aura $\frac{4}{9}$,

et sur 100 l. il y en aura $\frac{4 \times 100}{9}$=44 l. 44.

Retranchant 44 litres 44 de 100 litres, on trouve 55 litres 56.

Donc le marchand doit mélanger :

De la première qualité . . 44 l. 44

De la deuxième qualité . . 55 l. 56

Preuve . . 100 l. 00

110e EXERCICE.

P. 1er. On a deux sortes de blé ; la première coûte 2 fr. 25 c. et la deuxième 5 fr. 10 c. le décalitre ; quel mélange doit-on faire pour avoir 150 décalitres à 3 fr. 75 c.? R. 71 décal. 06 de la 1re, et 78 décal. 94 de la 2e.

P. 2e. On a deux qualités de vin, l'une à 0,80 le litre, l'autre à 0,50 ; quel mélange faudra-t-il faire pour l'avoir à 0,55 ? R. 5 l. de la 1re, et 25 l. de la 2e.

P. 3e. On possède 2 pièces de calicot, l'une de 42 mètres à 1 fr. 50 c., l'autre de 64 mètres à 2 fr.; quel serait le prix du mètre si l'on voulait établir un prix unique ? R. 1 fr. 802.

P. 4e. Un marchand a fait 2 livraisons, l'une de 864 hectolitres à 4 fr. 50 c., l'autre de 15.005 fr., prix d'un certain nombre d'hectolitres à 5 fr. l'un ; l'acheteur veut faire un mélange qui lui revienne à 4 fr. 75 c. l'hectol.; combien doit-il prendre de chaque livraison ? R. Autant de l'une que de l'autre.

QUESTIONNAIRE DE LA TROISIÈME ANNÉE.

FRACTIONS ORDINAIRES. *Qu'est-ce qu'une fraction ordinaire ? (1-22) (*). Comment l'exprime-t-on ? (2-22). Que signifie le mot* numérateur *et qu'indique-t-il? (3-22). Que signifie le mot* dénominateur *et qu'indique-t-il? (4-22). Comment lit-on une fraction ordinaire ? (5-22). Comment l'écrit-on ? (6-22) Qu'arrive-t-il quand on ajoute une même quantité à ses deux termes ? (7-23). Quand on retranche une même quantité ? (8-23). Et si l'expression était un nombre fractionnaire ? (9-23). Comment forme-t-on les fractions ? (10-24). Quand une fraction est-elle plus petite que l'unité ? (11-24). Égale à l'unité ? (12-24). Plus grande que l'unité ? (13-24).*

FRACTIONS DÉCIMALES. *Qu'est-ce qui indique le dénominateur dans les fractions décimales ? (14-24). Comment réduit-on une fraction décimale en fraction ordinaire ? (14-24). Que faut-il faire pour convertir une fraction ordinaire en fraction décimale ? (15-25).*

EXPRESSIONS FRACTIONNAIRES. *Qu'est-ce qu'un nombre fractionnaire ? (16-26). Qu'entend-on par expression fractionnaire ? (17-27). Que faut-il faire pour convertir un nombre entier en expression fractionnaire ? (18-27). Pour convertir un nombre fractionnaire en une seule expression fractionnaire ? (19-27). Pour extraire les entiers contenus dans un nombre fractionnaire ? (20-28). Comment peut-on considérer une fraction ? (21-29). Qu'arrive-*

(*) Le premier nombre indique le paragraphe, le second indique la page.

t-il quand on multiplie le numérateur d'une fraction par un nombre? (22-29). Si l'on multiplie le dénominateur seul? (23-29). Si l'on multiplie les deux termes par un même nombre? (24-29). Si l'on divise le numérateur par un nombre? (25-29). Si l'on divise le dénominateur seul? (26-29). Si l'on divise les deux termes par un même nombre? (27-30).

SIMPLIFICATION DES FRACTIONS. Qu'est-ce que réduire une fraction à sa plus simple expression? (28-30). Sur quel principe repose la simplification des fractions? (29-31). Combien y a-t-il de méthodes? (30-31). En quoi consiste la première? (31-31). Sur quoi repose-t-elle? (32-31). En quoi consiste la seconde méthode? (33-32). Qu'est-ce que le plus grand commun diviseur de plusieurs nombres? (34-32). Sur quels principes repose la théorie du plus grand commun diviseur? (35-32). Raisonnement. (36-33). Quelle est la règle à suivre pour trouver le plus grand commun diviseur? (37-34). Quand plusieurs nombres sont-ils premiers entre eux? (38-35). Qu'appelle-t-on fraction irréductible? (39-35).

RÉDUCTION DES FRACTIONS AU MÊME DÉNOMINATEUR. Qu'est-ce que réduire plusieurs fractions au même dénominateur? (40-36). Sur quel principe repose cette réduction? (41-36). Quelle est la première règle? (42-36). Pourquoi ces fractions n'ont-elles pas changé de valeur? (43-37). Pourquoi leurs dénominateurs sont-ils les mêmes? (44-37). Quelle est la deuxième règle? (45-38). Quelle est la troisième? (46-39). Qu'appelle-t-on dénominateur commun? (46-39). Comment le trouve-t-on? (47-39).

ADDITION DES FRACTIONS. Que faut-il faire pour additionner plusieurs fractions? (48-40).

SOUSTRACTION DES FRACTIONS. Que faut-il faire pour soustraire une fraction d'une autre? (49-42).

MULTIPLICATION DES FRACTIONS. Combien la multiplication présente-t-elle de cas? (50-43). Que faut-il faire pour multiplier une fraction par un nombre entier? (51-45).

Raisonnement. (52-44). Que faut-il faire pour multiplier un nombre entier par une fraction? (53-44). Raisonnement. (54-45). Que faut-il faire pour multiplier une fraction par une fraction? (55-46). Raisonnement. (56-46).

DIVISION DES FRACTIONS. Combien la division présente-t-elle de cas? (57-47). Que faut-il faire pour diviser une fraction par un nombre entier? (58-47). Raisonnement. (59-47). Que faut-il faire pour diviser un nombre entier par une fraction? (60-48). Raisonnement. (61-48). Que faut-il faire pour diviser une fraction par une autre fraction? (62-49). Raisonnement. (63-50).

ADDITION, SOUSTRACTION, MULTIPLICATION ET DIVISION DES NOMBRES FRACTIONNAIRES. Comment fait-on l'addition, la soustraction, la multiplication et la division des nombres fractionnaires? (64-50). Le calcul des nombres décimaux est-il préférable au calcul des nombres fractionnaires? (65-53).

RAPPORTS ET PROPORTIONS. Qu'appelle-t-on rapport? (62-58). Combien y a-t-il de manières de composer les nombres? (67-58). Dans tout rapport combien distingue-t-on de termes? (68-58).

ÉQUIDIFFÉRENCES. Qu'appelle-t-on équidifférences? (69-58). Comment l'écrit-on? (70-58). Comment se nomment le premier et le troisième termes, le deuxième et le quatrième? (71-59). Comment se nomment-ils encore? (72-59). Propriété fondamentale. (73-59). Qu'en résulte-t-il? 74-59).

PROPORTIONS. Qu'appelle-t-on proportions? (75-60). Comment sépare-t-on les deux termes de chaque rapport et les deux rapports? (76-60). Comment se nomment le premier et le troisième terme, le deuxième et le quatrième? (77-60). Comment se nomment-ils encore? (78-61). Quelle est la propriété fondamentale? Raisonnement. (79-62). La réciproque? (80-63). Que résulte-t-il de la propriété fondamentale? (81-64). Quelle est la deuxième propriété? Raisonnement. (82-65). Quelle est la troisième? Raisonnement. (83-66). *Quelle est la quatrième? Raisonnement.* (84-67). *Quelle est la cinquième? Raisonnement.* (85-67). *Quelle est la sixième? Raisonnement.* (86-68). *Quelle est la septième? Raisonnement.* (87-69).

RÈGLE DE TROIS. *Quel est son but?* (88-71). *Quand est-elle simple?* (89-71). *Composée?* (90-71). *Directe?* (91-71). *Inverse?* (92-72). *Qu'appelle-t-on quantités principales, quantités relatives?* (93-72). *Quelle règle faut-il suivre pour disposer convenablement les termes?* (94-72). *Solution.* (95-74). *Comment résout-on les règles de trois composées?* (96-77). *Solution.* (97-77).

MÉTHODE DE L'UNITÉ. *Quel est son but?* (98-80). *En quoi consiste-t-elle?* (99-81). *Par quel nombre commence-t-on toujours à écrire?* (100-81). *Solution.* (100-81). *Preuve.* (101-82). *Solution.* (*Page* 86).

EXERCICES PARTICULIERS SUR LES EXPRESSIONS FRACTIONNAIRES. *Solution.* (*Pages* 89 et 90).

RÈGLE D'INTÉRÊT. *Quel est son but?* (102-92). *Quelles quantités peut-on avoir à déterminer?* (103-92). *Qu'est-ce que le capital?* (104-92). *L'intérêt?* (104-92). *Le taux?* (106-92). *Le temps?* (107-92). *Quand l'intérêt est-il simple?* (108-93). *Quel est le taux légal entre particuliers?* (109-93). *Du commerce?* (110-93). *Dans les questions d'intérêt, combien l'année et le mois ont-ils de jours?* (111-93). *Règle pour trouver l'intérêt d'une somme pour un an.* (112-93). *Règle générale.* (113-95).

INTÉRÊT COMPOSÉ. *Quand l'intérêt est-il composé?* (114-97). *Solution.* (*Page* 97). *Règle.* (115-98). *Table.* (*Page* 99). *Observation.* (*Page* 99). *Règle.* (116-100).

RÈGLE D'ESCOMPTE. *Quel est son but?* (117-101). *Qu'est-ce que l'escompte en dehors?* (118-101). *Quel est le taux ordinaire?* (119-102). *Règle.* (120-102). *Solution.* (*Page* 102).

CHANGE, RENTE, COMMISSION, ASSURANCE, AVARIE, VOITURE, ETC. *Qu'est-ce que les règles de change, de rente, de commission, etc.?* (121-105). *Solution.* (*Page* 106).

FIN DU COURS DE LA TROISIÈME ANNÉE.

www.ingramcontent.com/pod-product-compliance
Lightning Source LLC
Chambersburg PA
CBHW071156200326
41519CB00018B/5246